RAUMFAHRT
IN 30 SEKUNDEN

A-17
PDI THRU TO +3 MIN
P64 + 15 SEC: NO THROTTLE DN → ABORT
ENG STOP - PUSH
ABORT STAGE - PUSH
RECYCLE PARKER VALVES
Doublet

RAUMFAHRT
IN 30 SEKUNDEN

Die 50 wichtigsten Ideen,
Erfindungen und Destinationen
erklärt in einer halben Minute

Charles Liu
Karen Masters
Allen Liu

Illustrator
Steve Rawlings

Librero

Titel der Originalausgabe: *30-Second Space Travel*

www.librero-ibp.com

Ursprünglich 2020 herausgegeben von
Ivy Press Limited, einem Imprint von
The Quarto Group

Verleger **David Breuer**
Programmleiter **Tom Kitch**
Art-Direktor **James Lawrence**
Redakteurin **Natalia Price-Cabrera**
Verantwortliche Redakteurin **Joanna Bentley**
Verantwortliche Designerin **Anna Stevens**
Designerin **Ginny Zeal**
Illustrator **Steve Rawlings**

Übersetzung aus dem Englischen:
Nina Kavelar, Köln
Redaktion und Satz der
deutschen Ausgabe: Print Company
Verlagsges.m.b.H., Wien

Printed in China

ISBN: 978-94-6359-660-2

Der Richtigkeit und Vollständigkeit der Informationen in diesem Buch wurde größte Sorgfalt gewidmet. Sollte unabsichtlicherweise dennoch ein Urheber nicht angegeben sein, werden wir dies nach Kenntnisnahme in der nächsten Ausgabe berichtigen.

INHALT

EINLEITUNG

Karen Masters, Charles Lui und Allen Lui

Wir sehnen uns danach, den Weltraum zu bereisen. Ja, wir Menschen wurden hier auf der Erde geboren, beschützt von der warmen Hülle ihrer Atmosphäre, verankert durch ihre Schwerkraft und genährt von der Fülle an Wasser und dem artenreichen Lebensraum. Doch jedes Kind, sobald es sich auf seine Beinchen stellen und über den Rand des Gitterbetts lugen kann, schaut irgendwann sehnsuchtsvoll in sein Zimmer und schließlich zur Tür hinaus in den Himmel. Die Neugier liegt in unserem Wesen und darum fragen wir uns: Wie kommen wir dorthin?

Die Geschichte der Raumfahrt spiegelt die Entwicklung der Menschheit wider. Zuerst erkundeten wir unsere Umgebung. Wir entdeckten die Gesetze der Natur – Kraft und Gegenkraft, Luft und Feuer, Fallen und Fliegen – und bauten darauf die Wissenschaften der Physik und Mathematik auf, damit wir die nötige Technik besaßen, um uns über den Horizont hinaus zu bewegen. Dann reicherten wir unser Wissen über die Natur mit unserer Vorstellungskraft an. Wir malten uns in der Fantasie aus, welche Orte wir auf welche Weise besuchen könnten und was wir dort wohl vorfinden würden.

Als die Möglichkeit, in den Weltraum zu reisen, in greifbare Nähe rückte, erforschten wir weiterhin die Erde und das Sonnensystem. Was wir herausfanden, war faszinierend und wunderbar, aber auch beängstigend. Bereits in einigen Dutzend Kilometern Höhe können Menschen nicht mehr existieren. Es gibt dort nicht einmal Luft zum Atmen. Unsere Körper und Gehirne sind nach Millionen Jahren der Evolution optimal an die Schwerkraft und den Atmosphärendruck angepasst. Um im Weltall zu überleben, mussten wir auch dort solche Bedingungen schaffen und sie für die Dauer unseres Besuchs aufrechterhalten. Also forschten wir weiter, sammelten noch mehr Ideen und arbeiteten an den benötigten Technologien. Gleichzeitig entwarfen wir Raumfahrzeuge, bauten Triebwerke und entwickelten Treibstoffe, um unsere Raketen ins All zu schicken.

Als die Wissenschaftler und Ingenieure den Traum von der Reise in den Weltraum allmählich in die Wirklichkeit umsetzten, wurden die Regierungen ihrer Staaten auf sie aufmerksam. Man erkannte, dass die neuen Technologien ihren Besitzern Vorteile, Privilegien und Macht verleihen konnten. In einer Zeit, in der der Frieden auf einem wackeligen Fundament stand, fing ein Wettlauf zwischen den Ländern an und ehemalige Waffen wurden zu Prestigeobjekten umfunktioniert. Nachdem dieses wahnwitzige Kräftemessen eine ganze Generation in Atem gehalten hatte, entschieden alle Beteiligten, dass der Ruhm die wirtschaftlichen Kosten nicht wert war. Aus Rivalität wurde Zusammenarbeit. Die Staaten bündelten ihre Ressourcen, um den Weltraum zu erobern und zu besiedeln – und zwar gemeinsam.

Der Mensch hatte schon immer den Wunsch, den Weltraum zu erkunden – erst in der Fantasie, dann mithilfe von Sonden und Satelliten und schließlich persönlich in unseren Raumschiffen.

Zum Glück erkannten wir, dass von einer kooperativen Erforschung des Alls die gesamten Menschheit profitiert. Die moderne Raumfahrt erleichtert den globalen Handel durch Satellitenkommunikation, fördert den Wohlstand, rettet Leben durch weltraumgestützte Wettervorhersagen und ermöglicht uns ein besseres Verständnis der Erde und unserer kosmischen Nachbarschaft, was unseren Fortbestand auch in Zukunft sichern wird. Die Weltraumtechnik hilft uns auch, Ressourcen unter der Erdkruste ausfindig zu machen. Auch auf anderen Himmelskörpern wird vielleicht schon bald geschürft.

Wie weit sind wir auf unserer Mission Weltraum schon vorangekommen? Einige Personen sind tatsächlich schon ins All gereist und in diesem Jahrhundert war bis jetzt immer eine Raumstation bemannt. Ein Dutzend Menschen haben bereits einen anderen Himmelskörper betreten – und einer davon hat dort sogar Golf gespielt. Trotzdem stehen wir auf unserer Reise in den

Weltraum noch ganz am Anfang. Und während wir an unseren technischen und medizinischen Möglichkeiten forschen, um den Aufenthalt im All für Menschen sicherer zu gestalten, erkunden wir potenzielle Ziele erst einmal mithilfe von Weltraumteleskopen, Raumsonden und Robotern.

Dieses Buch dokumentiert die Schritte, die wir Menschen auf der Reise in den Weltraum bisher unternommen haben, und stellt einige der Wegbereiter und Meilensteine dieses Abenteuers vor. Zu jedem der 50 Themen, die auf den folgenden Seiten behandelt werden, gibt es einen 3-Sekunden-Start zu der Kernaussage, einen 30-Sekunden-Orbit zu den wichtigsten Informationen und eine 3-Minuten-Landung, um einige Denkanstöße zu geben. Als Einstieg in die Materie behandeln wird die **Anfänge der Raumfahrt** – die ersten Experimente, Fortschritte und Vorstellungen. Sie alle führten zur Entwicklung der **Physik der Raumfahrt** und den Methoden und Konzepten, die eine Erkundung des Alls überhaupt erst möglich machten. Aus der Theorie wurde schließlich Realität und der **Wettlauf ins All** schildert die frühe Geschichte der Raumfahrt – vom Start von Sputnik 1 im Jahr 1957 bis zu den mittlerweile häufigen bemannten Ausflügen in die erdnahe Umlaufbahn. Wir schauen uns an, wie **die Raumfahrt heute** aussieht und welche Technologien und Motive ihr Fundament bilden. Dazu gehören auch die schwierigen und lohnenswerten Erfahrungen beim **Leben im Weltraum.** Zum Abschluss werfen wir einen Blick voraus, nämlich auf potenzielle **Destinationen der Raumfahrt** in unserem Sonnensystem (sobald wir wissen, wie wir sicher dorthin und zurück zur Erde gelangen) sowie auf **die Zukunft der Raumfahrt** in den kommenden Jahrzehnten und Jahrhunderten.

Der Vorstoß des Menschen in den Weltraum ist ein Weg voller Risiken und Verlusten, doch wir nähern uns dem ultimativen Ziel: zu den Planeten oder sogar den Sternen zu reisen, so wie wir uns heute zwischen unseren Städten auf der Erde bewegen – und wenn es noch viele hundert Jahre dauert, bis wir solche Distanzen überwinden können. Wir Menschen geben nie auf und eines Tages werden wir unsere irdische Wiege verlassen und neue Grenzen beschreiten – jenseits unseres Heimatplaneten.

Unsere Raumfahrzeuge und Rover erforschen den Mars und andere Planeten – der Mensch soll irgendwann folgen.

DIE ANFÄNGE DER RAUMFAHRT

DIE ANFÄNGE DER RAUMFAHRT
GLOSSAR

Alchemie Eine Art „Urform" der Wissenschaft, die hunderte Jahre lang überall auf der Welt praktiziert wurde und als Vorläufer der Chemie und Materialwissenschaft gilt. Alchemisten versuchten unter anderem, Metalle in Gold zu verwandeln. (Heute weiß man aber, dass das unmöglich ist.)

äußere Planeten Die acht Planeten des Sonnensystems werden in innere und äußere Planeten unterteilt. Die inneren (Merkur, Venus, Erde, Mars) sind Gesteinsplaneten, die äußeren (Jupiter, Saturn, Uranus, Neptun) sind Gasriesen.

Congreve'sche Rakete Eine Raketenwaffe nach dem Vorbild der Kriegsraketen des indischen Fürstenstaats Mysore. Entworfen und entwickelt wurde sie vom britischen Erfinder William Congreve. Die Briten setzten sie in den Napoleonischen Kriegen und im Britisch-Amerikanischen Krieg von 1812 ein.

Düsenglocke Die glockenförmige Schubdüse, die als typische Form gilt, weil sie in so vielen Raketentriebwerken verbaut wurde (z. B. im Haupttriebwerk der Space Shuttles).

East India Company Eine britische Kaufmannsgesellschaft aus dem 16. Jahrhundert, die den Handel mit Fernost aufbauen wollte und schließlich große Teile Südostasiens kolonisierte, unter anderem Indien und Hong Kong. Zu ihrer Blütezeit (um 1800) kontrollierte sie die Hälfte des weltweiten Handels – mittels einer privaten Armee, die doppelt so groß wie ihr staatliches Pendant war.

Erdatmosphäre Die schützende Gashülle der Erde. Sie besteht vorwiegend aus Stickstoff (78 %) mit 21 % Sauerstoff, 1 % Argon und Spuren anderer Gase. Die Atmosphäre ist aus mehreren Schichten aufgebaut: Die Troposphäre ist die unterste, dichteste und wärmste Schicht, wo fast alles an Wetter stattfindet, dann folgen (mit zunehmender Höhe und Dichte) die Stratosphäre, Mesosphäre, Thermosphäre, Ionosphäre und Exosphäre.

Exoplanet (Eigentlich: extrasolarer Planet.) Ein Planet, der nicht um unsere Sonne, sondern um einen anderen Stern kreist.

Finne Eine flossenförmige Fläche, die von einem Objekt absteht. Bei einer Rakete dienen die Finnen der Stabilisierung des Flugkörpers in der Luft. Bei Raumschiffen im All haben sie keinen praktischen Nutzen. In der Natur besitzen Fische und andere Wassertiere Finnen oder Flossen, die beim Schwimmen helfen und manchmal der Abkühlung dienen.

Flüssigtreibstoff Jeder Raketentreibstoff, der vor seiner Verbrennung flüssig ist. Zum Zeitpunkt des Schreibens dieses Buchs sind über 150 verschiedene Flüssigtreibstoffe bekannt, aber die meisten modernen Raketen verwenden einen der fünf häufigsten.

Impulserhaltungssatz Ein Gesetz der Physik, das besagt, dass der Gesamtimpuls (Masse mal Geschwindigkeit) in einem abgeschlossenen System erhalten bleibt. Dieser Satz hilft oft beim Ermitteln der Auswirkungen von Explosionen und Zusammenstößen.

interplanetarer und interstellarer Staub Partikel aus Gestein und Eis, die sich zwischen Planeten (interplanetar) oder Sternen (interstellar) befinden. Sie können mikroskopisch klein sein (Mikrometeoriten) oder bis zu einem Meter groß (Meteoriten).

ionisierende Strahlung Strahlung im kurzwelligen Bereich des elektromagnetischen Spektrums, wie etwa Ultraviolettstrahlung, aber meist sind damit Röntgen- und Gammastrahlen gemeint. Ihre ionisierende Wirkung (bei der Elektronen aus Atomen entfernt werden) kann lebende Organismen schädigen.

Noether-Theorem Formuliert von der Mathematikerin und theoretischen Physikerin Emmy Noether. Das Noether-Theorem besagt, dass jede Erhaltungsgröße in der Physik mit der Symmetrie (oder der räumlichen oder zeitlichen Invarianz) einer physikalischen Eigenschaft einhergeht. Zum Beispiel sind bei der Impulserhaltung die Bewegungsgleichungen konstant, auch wenn die Position verändert wird.

Nutzlast Die Tragkraft eines Fahrzeugs (die „Ladung"). In der Raumfahrt bezeichnet dieser Begriff die Fracht (einschließlich der Besatzung), die eine Rakete transportiert.

roter Planet Der Planet Mars erscheint rot, selbst mit bloßem Auge betrachtet. Grund dafür ist das viele Eisen in seiner Atmosphäre.

schwache Gravitation In diesem Bereich der Schwerkraft korrigiert Einsteins allgemeine Relativitätstheorie (ART) das Newtonsche Gravitationsgesetz (um Letzteres anwendbar zu machen). In unserem Sonnensystem braucht nur der Merkur (der sonnennächste Planet) signifikante Korrekturen.

Schwerelosigkeit Der Zustand des freien Falls, den Astronauten in der Erdumlaufbahn erleben. Dazu kommt es, wenn die Objekte in einem Gravitationsfeld gleichmäßig beschleunigen und keine Gegenkräfte auf sie wirken.

Venustransit Das Vorbeiziehen der Venus an der Sonne, was man als schwarzen Punkt auf der Sonne beobachten kann.

DIE ERSTEN RAKETEN

30-Sekunden-Orbit

Die heutigen Weltraumraketen haben ihren Ursprung in der chinesischen Song-Dynastie am Ende des 1. Jahrtausends. Angetrieben wurden die ersten Raketen von Schwarzpulver, einer weiteren chinesischen Erfindung, und sie wurden im Krieg und als Feuerwerk eingesetzt. Als sich die Raketentechnik auf der ganzen Welt verbreitete, wurde die Konstruktion der Flugkörper verbessert. Die erste Stufenrakete (aus mehreren Raketenstufen – die Grundlage der späteren Raumfahrt) wurde von der chinesischen Armee Mitte des 14. Jahrhunderts eingesetzt. Der erste Raketenwerfer – die „Hwacha" – wurde 1451 in Korea erfunden. Der indische Fürstenstaat Mysore ließ 1792 im Krieg gegen die britische East India Company seine Raketen mit Eisen statt mit Bambus ummanteln, damit sie den starken Kräften beim Abschuss und Aufprall besser standhielten. Diese Waffen dienten auch als Vorlage für die Congreve'sche Rakete, die von den Briten gegen die Armee Napoleons und im Krieg von 1812 gegen die Vereinigten Staaten eingesetzt wurde. Sie erzeugte das gleißend rote Licht, das im Text der amerikanischen Nationalhymne erwähnt wird. Einem unbestätigten Bericht zufolge soll ein osmanischer Pionier 1633 mit einer Rakete in den Bosporus geflogen und ans Ufer geschwommen sein. Bemannte Raketen spielten jedoch erst im 20. Jahrhundert eine wesentliche Rolle.

3-SEKUNDEN-START
Die Raketentechnik wurde bereits im alten China erfunden und schließlich auf der ganzen Welt zu militärischen und zivilen Zwecken eingesetzt.

3-MINUTEN-LANDUNG
Wir stellen uns vor, dass sich die Zivilisationen der Vergangenheit isoliert voneinander entwickelten, aber auch damals war man weitreichend vernetzt, sodass sich das Raketenwissen auch im Altertum und Mittelalter verbreitete und die Grundlage für die modernen Flugkörper bildete. Oft waren es Kriege, die zur Kombination der Ideen und Erfindungen von verfeindeten Kulturen führten und technische Fortschritte hervorbrachten – etwa die Konflikte zwischen Korea und Japan, Mysore und Großbritannien oder Deutschland und den Vereinigten Staaten.

VERWANDTE THEMEN
Siehe auch
KRAFT UND GEGENKRAFT
Seite 20

WARUM RAKETEN?
Seite 32

TREIBSTOFFE
Seite 40

3-SEKUNDEN-BIOGRAFIEN

WEI BOYANG
um 142
Ein chinesischer Alchemist und Verfasser des *Santong Qi*, in dem sich die wahrscheinlich erste Erwähnung des Schwarzpulvers findet. Er legte den Grundstein für die späteren Entwicklungen in der Raketenforschung.

CONRAD HAAS
1509–1576
Österreichisch-ungarischer Ingenieur, der Raketen mit Finnen, Düsenglocken und Flüssigantrieb entwarf. Sie wurden jedoch erst hunderte Jahre nach seiner Zeit gebaut.

Eine Rakete ist im Prinzip ein Rohr, in dem Schwarzpulver gezündet wird und eine Explosion einen Schub erzeugt.

FREMDE WELTEN

30-Sekunden-Orbit

Die Sonne, der Mond und die Planeten gelten seit frühester Zeit als Symbole der Götter. Die älteste erhaltene Geschichte über Menschen im All ist wohl Lukians satirisches Werk *Wahre Geschichten* aus dem 2. Jahrhundert. Es beschreibt Weltraumreisen, außerirdische Lebensformen und interplanetare Kriegsführung. Auch arabische Texte aus dem Mittelalter postulierten die Existenz fremder Welten, unter anderem in einer Geschichte aus *Tausendundeine Nacht*. Im späten 16. Jahrhundert erweiterte Giordano Bruno die kosmologischen Hypothesen seiner Zeit und glaubte, dass bewohnte Planeten nicht nur um die Sonne kreisten, sondern auch um andere Sterne. Galileo Galilei bestätigte durch Beobachtungen, dass es sich bei den Planeten tatsächlich um fremde Orte handelte. In seiner Schrift *Sidereus Nuncius* (1610) illustrierte er die Himmelskörper des Sonnensystems – den Mond, die Venus sowie den Jupiter und seine Monde, die er durch sein Teleskop betrachtet hatte. Im späten 20. Jahrhundert bestätigten Astronomen schließlich die Existenz von Planeten, die um andere Sterne kreisten. Heute sind über 4000 Exoplaneten bekannt und katalogisiert. Laufende wissenschaftliche Studien versprechen die Entdeckung zigtausender weiterer. Vom Leben auf anderen Planeten fehlt bisher noch jede Spur, doch die Suche geht weiter.

3-SEKUNDEN-START

Schon in den Mythen der Vorzeit – lange vor der modernen Raumfahrt – finden sich Geschichten von fremden Planeten und ihren Bewohnern.

3-MINUTEN-LANDUNG

Planeten sind nicht die einzigen „Welten", deren Erforschung sich lohnt. Der erste fremde Himmelskörper, den die Menschen betraten, war unser Mond. Auch die großen natürlichen Satelliten von Gasplaneten wie Jupiter und Saturn können feste oder flüssige Oberflächen aufweisen und besitzen das Potenzial für eine lebensspendende Umgebung. Zwergplaneten wie Pluto und sogar große Asteroiden wie Ceres und Vesta sind lebendige, dynamische Welten.

VERWANDTE THEMEN

Siehe auch
MERKUR UND VENUS
Seite 120

ASTEROIDEN UND KOMETEN
Seite 124

JUPITER UND SEINE MONDE
Seite 126

3-SEKUNDEN-BIOGRAFIEN

LUKIAN VON SAMOSATA
um 125–180
Ein bekannter Autor der griechischen Antike, der als Erfinder der humoristischen Dialoge gilt.

GIORDANO BRUNO
1548–1600
Ein italienischer Philosoph, Mönch und Okkultist. Er wurde der Ketzerei beschuldigt und zum Tod auf dem Scheiterhaufen verurteilt.

Astronomen haben bestätigt, dass fremde Welten, wie sie sich unsere Vorfahren vorstellten, existieren. Aber gibt es auf ihnen auch Leben?

NEUE DESTINATIONEN

30-Sekunden-Orbit

3-SEKUNDEN-START
Als Astronomen entdeckten, dass Planeten und Monde echte Orte am Himmel waren, entstand der Wunsch der Menschen, in den Weltraum zu reisen.

3-MINUTEN-LANDUNG
Die Größe des Sonnensystems war Astronomen lange ein Rätsel, bis man herausfand, dass man sie aus Beobachtungen des Venustransits, die man an verschiedenen Positionen auf der Erde unternahm, errechnen konnte. Dieses Phänomen ereignet sich aber nur etwa zweimal pro Jahrhundert. Die Beobachtungen der Venustransits der Jahre 1761 und 1769, aus denen man die Größe des Sonnensystems schließlich ermittelte, ist ein faszinierendes Abenteuer in der Geschichte der Raumfahrt.

Jahrhundertelang glaubten wir Menschen, dass sich der Himmel grundlegend von der Erde unterscheide und kein Ort ist, den man zu Lebzeiten erreichen könne. Im 17. Jahrhundert, als der italienische Astronom Galileo Galilei den Himmel durch sein Teleskop betrachtete, entstand langsam das Bewusstsein, dass sich dort erreichbare Destinationen befanden. Galilei beobachtete Berge auf dem Mond, der ab da nicht mehr nur als Himmelsscheibe, sondern als echtes Reiseziel angesehen wurde. Rund 350 Jahre später wurden die Apollo-Missionen geplant, doch die besten Mondkarten, die mithilfe von Teleskopen erstellt wurden, waren nicht detailreich genug, um einen Landeplatz auszuwählen. Darum schickte man erst Raumsonden auf den Mond. Heute sind Roboter bei der Erforschung von Planeten unverzichtbar. Mit ihrer Hilfe gelang es uns, die wichtigsten Planeten und Monde in unserem Sonnensystem zu kartieren. Aufgrund der Größe des Universums kommen nur Himmelskörper in unserem eigenen Sonnensystem als Destinationen in Frage. Selbst kleinere Reisen im All dauern Monate bis Jahre. Eine Raumsonde, die das äußere Sonnensystem erreichen möchte, ist jahrzehntelang unterwegs. Solche Missionen zeigen uns Details, die man von der Erde aus nicht sehen kann – etwa die Vulkane auf dem Jupitermond Io, die im Jahr 1979 von *Voyager I* aufgenommen wurden – sowie neue Ziele, etwa die vielen kleinen Monde der äußeren Planeten.

VERWANDTE THEMEN
Siehe auch
FREMDE WELTEN
Seite 16

VISIONEN DER RAUMFAHRT
Seite 22

DIE APOLLO-MONDLANDUNG
Seite 62

3-SEKUNDEN-BIOGRAFIEN

GALILEO GALILEI
1564–1642
Ein italienischer Astronom und Physiker. Er veröffentlichte als erste Person die Ergebnisse von Himmelsbeobachtungen, die mit dem Teleskop gemacht wurden.

GIOVANNI SCHIAPARELLI
1835–1910
Ein italienischer Astronom, der „Kanäle" auf dem Mars entdeckte. Auch wenn sich seine *canali* als optische Täuschung herausstellten, weckten sie das Interesse an der Suche nach Leben auf dem roten Planeten.

Ob sich Galileo vorstellte, auf dem Mond oder anderen Himmelskörpern zu spazieren, als er sie durch sein Teleskop beobachtete?

KRAFT UND GEGENKRAFT

30-Sekunden-Orbit

3-SEKUNDEN-START
Die Physik der Raumfahrt wurde bereits vor über 300 Jahren formuliert – lange bevor man dieses Wissen nutzte, um die Erdatmosphäre zu verlassen.

3-MINUTEN-LANDUNG
Aus dem dritten Newtonschen Gesetz (auch Wechselwirkungsprinzip genannt) kann das Prinzip der Impulserhaltung abgeleitet werden (der Impuls ist die Masse mal der Geschwindigkeit eines Körpers). Die physikalische Symmetrie, die hinter dieser Erhaltung steckt, wurde erstmals von der Mathematikerin Emmy Noether bemerkt (und bildet die Grundlage des Noether-Theorems).

Zu jeder Kraft gibt es eine gleich große, entgegengesetzt gerichtete Kraft. So lautet das dritte Newtonsche Gesetz, das in keinem Lehrbuch der Physik fehlen darf und eine der meistzitierten Aussagen in der Wissenschaft ist. Dieses Gesetz wurde erstmals von Isaac Newton in seiner *Principia Mathematica* formuliert und ist ein Grundprinzip der Raumfahrtphysik. Im Weltall gibt es (fast) nichts, das als Gegenkraft wirkt – keine Reibung und kein Widerstand von Straßen, Wind oder Wasser. Um ein Raumschiff anzutreiben, muss man einen Schub nach hinten erzeugen. Diese „Aktion" erzeugt eine „Reaktion", die das Raumschiff vorwärtsbewegt oder, wenn man das Material zur Seite abwirft, das Fahrzeug zur Seite dreht. Diese Methode wurde erstmals während der chinesischen Song-Dynastie angewendet, um Raketen abzuschießen, aber erst im 20. Jahrhundert konnte man auf diese Weise Raumschiffe durch das All lenken. Nur mithilfe von Kraft und Gegenkraft können sich Objekte im Vakuum des Weltraums bewegen. Ein Beispiel für die Anwendung dieses Prinzips ist der Rückstoßantrieb: Treibstoff wird verbrannt und als heißes Gas ausgestoßen. Eine seltenere Methode ist der Ionenantrieb, bei dem geladene Teilchen beschleunigt werden und den Rückstoß für eine Rakete erzeugen.

VERWANDTE THEMEN
Siehe auch
DIE ERSTEN RAKETEN
Seite 14

DIE RAKETENGLEICHUNG
Seite 24

IN DEN ORBIT
Seite 34

3-SEKUNDEN-BIOGRAFIEN

ISAAC NEWTON
1642–1727
Ein englischer Physiker, der die Grundgesetze der klassischen Mechanik und der Gravitation formulierte. Noch heute beschreibt man damit die Bewegung von Körpern bei moderater Schwerkraft und Geschwindigkeit.

AMALIE EMMY NOETHER
1882–1935
Eine deutsche Mathematikerin und Physikerin. Ihre Theorien über die Symmetrien in der Natur erklären die Erhaltungssätze, die dem dritten Newtonschen Gesetz (und allen anderen Erhaltungssätzen der Physik) zugrundeliegen.

Emmy Noether und Isaac Newton zeigten uns auf brillante Weise, dass die moderne Physik auf Gleichgewichten und Symmetrien basiert.

VISIONEN DER RAUMFAHRT

30-Sekunden-Orbit

Bevor es echte Raumschiffe gab, überlegten Menschen schon, wie man die Erde verlassen könnte. Ihre Vorstellungen spiegelten das damalige Verständnis vom Zurücklegen großer Entfernungen wider. Die Hauptfiguren in Lukians *Wahre Geschichten*, einem Text aus dem zweiten Jahrhundert, wurden beispielsweise von einem starken Wirbelsturm auf den Mond geweht. Die erste realistisch anmutende Weltraumfahrt der Literatur stammt wahrscheinlich aus dem Roman *Star (Psi Cassiopeia)* von C. I. Defontenay aus dem Jahr 1854. Die Raumschiffe darin sind eiförmige Flugkörper aus Metall, die der Schwerkraft trotzen, indem sie „ihre Wirkung ausbalancierten, ohne die Kraft, die Moleküle bindet, zu zerstören". Einige Jahre später veröffentlichte Jules Verne *Von der Erde zum Mond* (1865) und *Reise um den Mond* (1870), in denen drei kühne Abenteurer in einem riesigen Geschoss aus einer überdimensionierten Kanone abgefeuert werden. Wie auch Vernes andere Science-Fiction-Romane waren diese beiden gründlich recherchiert worden und enthielten detaillierte Beschreibungen zur Topografie des Mondes, Ballistik und ein paar Konzepte aus der Himmelsmechanik. Vernes Raumschiffe besaßen Raketen, um die Landung auf dem Mond abzufedern. Schon bald waren Raketen die bevorzugten Weltraumgefährte in der Literatur – und es dauerte nicht mehr lange, bis aus Fiktion Wirklichkeit wurde.

3-SEKUNDEN-START

Frühe Visionäre stellten sich vor, wie Menschen ins All reisen könnten. Die fiktiven Methoden sprengten die Grenzen des damaligen Wissens und waren ein erster Blick in die Zukunft.

3-MINUTEN-LANDUNG

Die besten Science-Fiction-Autoren hatten immer eine beeindruckende Weitsicht gezeigt, wenn sie die Details und Gefahren der Raumfahrt erdachten. Mit manchen ihrer Spekulationen lagen sie aber auch weit daneben. Defontenay und Verne beschrieben lebensbedrohliche Situationen, in denen der Mangel an Atemluft im Raumschiff der Besatzung zu schaffen machte. Spätere Autoren thematisierten die Schwerkraft, ionisierende Strahlung und Kollisionen mit interplanetarem und interstellarem Staub.

VERWANDTE THEMEN

Siehe auch
FREMDE WELTEN
Seite 16

KRAFT UND GEGENKRAFT
Seite 20

DIE APOLLO-MONDLANDUNG
Seite 62

3-SEKUNDEN-BIOGRAFIEN

CHARLEMAGNE ISCHIR DEFONTENAY
1819–1856
Ein französischer Arzt und Science-Fiction-Autor. Er war einer der Vorreiter in der plastischen Chirurgie.

JULES VERNE
1828–1905
Ein französischer Schriftsteller, der als bester Science-Fiction-Autor des 19. Jahrhunderts gilt.

Die Schriftsteller vergangener Jahrhunderte stellten sich die Raumfahrt in Segelschiffen, Kanonenkugeln und schließlich Raketen vor.

DIE RAKETEN-GLEICHUNG

30-Sekunden-Orbit

Wie wird eine Rakete im luftleeren Raum angetrieben? Die Rakete und ihre Abgase bilden ein geschlossenes System. Den Newtonschen Gesetzen zufolge ist der Impuls der Rakete gleich groß wie der Impuls des ausströmenden Treibstoffs und entgegengesetzt gerichtet. Ein Raumschiff kann in einem Vakuum jede beliebige Distanz zurücklegen, einfach indem es dahingleitet, darum misst man die Leistung einer Rakete an der Geschwindigkeit, die sie mithilfe ihres Antriebs erreichen kann. Dieses Maß nennt man „Delta-v". Jedes Manöver auf dem Flugplan einer Rakete – das Erreichen der Erdumlaufbahn, der Flug zwischen Planeten oder die Landung auf einem fremden Himmelskörper – erfordert ein bestimmtes Maß an Delta-v, das sich aus der Raumflugmechanik zwingend ergibt. Die Berechnung der Delta-v-Kapazität einer Rakete ist so wichtig, dass sie „Raketengleichung" genannt wird: Eine simple Formel, die für die Raumfahrt von großer Bedeutung ist. Schon eine minimal schwerere Nutzlast, die ins All transportiert werden soll, verbraucht um ein Vielfaches mehr Energie. Umgekehrt spart man erheblich Treibstoff, wenn die Rakete nur geringfügig leichter gebaut oder beladen wird. Mithilfe der Raketengleichung konnte wissenschaftlich belegt werden, dass eine Reise ins All möglich war, aber man erst bessere Materialien und technische Fortschritte benötigte. In den 1950er- und 1960er-Jahren wurde die Theorie dann in die Praxis umgesetzt.

3-SEKUNDEN-START

Eine Rakete transportiert ihren Treibstoff und bewegt sich mithilfe des Rückstoßes der ausströmenden Gase fort. Je mehr Treibstoff sie tragen muss, desto langsamer wird sie – was in Form einer Gleichung angegeben werden kann.

3-MINUTEN-LANDUNG

Die Raketengleichung besagt, dass die Leistung eines Raketenantriebs anhand der Geschwindigkeit des Treibstoffausstoßes gemessen werden soll. Um Probleme bei der Umrechnung zwischen Maßeinheiten zu vermeiden, wird der „spezifische Impuls" eines Triebwerks (I_{sp}) in Sekunden angegeben: die Zeit, die ein fallender Körper unter dem Einfluss der Erdanziehung braucht, um die Geschwindigkeit des Treibstoffausstoßes zu erreichen. Die Erde dient hierbei als bequeme Vergleichsgröße, denn die Werte gelten im gesamten Universum.

VERWANDTE THEMEN

Siehe auch
RAUMFLUGMECHANIK
Seite 36

RAKETENKONSTRUKTION
Seite 40

NEUE TREIBSTOFFE
Seite 144

3-SEKUNDEN-BIOGRAFIEN

KONSTANTIN ZIOLKOWSKI
1857–1935
Ein russischer Theoretiker und Lehrer, der im Jahr 1903 die Raketengleichung für die Raumfahrt veröffentlichte.

ROBERT ESNAULT-PELTERIE
1881–1957
Ein französischer Luftfahrtpionier und der Erfinder des Steuerknüppels. Er leitete 1913 unabhängig die Raketengleichung her und veröffentlichte eine Arbeit, in der er angab, wie viel Treibstoff man bräuchte, um zum Mond, zur Venus und zum Mars zu fliegen.

Die Entdecker der Raketengleichung konnten sich kaum vorstellen, zu welchen Erfolgen ihre Berechnungen führen würden.

Δv = v_e ln (m_0 / m_1)

5. Oktober 1882
Geboren in Worcester im US-Bundesstaat Massachusetts.

1908
Schließt ein Studium am Worcester Polytechnic Institute mit dem Bachelor of Science ab.

1911
Promoviert nach dem Studium der Physik an der Clark University.

1915
Nach Forschungsarbeit in Princeton und einer schweren Tuberkulose-Erkrankung unterrichtet er an der Clark University.

1919
Veröffentlicht *A Method of Reaching Extreme Altitudes* („Eine Methode zum Erreichen extremer Höhen") und beschreibt darin die Grundprinzipien der Raketenwissenschaft.

16. März 1926 Sein erster erfolgreicher Start einer Flüssigkeitsrakete, die eine Höhe von 12,5 m erreicht.

17. Juli 1929
Startet die erste Rakete, die eine wissenschaftliche Nutzlast trägt.

8. März 1935
Startet die erste flüssigkeitsgetriebene Rakete, die die Schallmauer durchbricht.

1936
Veröffentlicht über das Smithsonian-Institut *Liquid Propellant Rocket Development* („Entwicklung von Flüssigkeitsraketen").

1941
Führt den letzten seiner 35 erfolgreichen Raketenstarts durch.

10. August 1945
Stirbt an Kehlkopfkrebs. Wird in seiner Heimatstadt Worcester beigesetzt.

ROBERT GODDARD

Robert Hutchings Goddard wurde in New England geboren. Schon als Kind interessierte er sich für Forschung und Experimente. Als Jugendlicher inspirierte ihn der Science-Fiction-Klassiker *Krieg der Welten* von H. G. Wells und so verschlang er auch Bücher über Astronomie, Physik, Mathematik und Technik, obwohl er aus gesundheitlichen Gründen nicht regelmäßig zur Schule gehen konnte. Der akademische Erfolg folgte aber, als er seinen Doktor der Physik machte und zum Leiter des Instituts für Physik und Mathematik an der Clark University in Worcester ernannt wurde. Bereits im Jahr 1912 hatte er die Formeln zur Beschreibung des Flugs von Raketen eigenständig hergeleitet – unter anderem die Raketengrundgleichung, die der Russe Konstantin Ziolkowski (1857–1935) ein Jahrzehnt zuvor formuliert hatte.

Insgesamt wurden auf Goddard über 200 Patente angemeldet, viele davon erhielt seine Frau Esther nach seinem Tod. Seine ersten beiden Patente stammen aus dem Jahr 1914 und waren für eine mehrstufige Feststoffrakete und für eine Rakete mit Flüssigkeitsantrieb. Nur elf Jahre zuvor hatte sich das erste Flugzeug in die Lüfte erhoben. Im Jahr 1920 hatte Goddard eine bemerkenswert treffende Vorstellung der zukünftigen Raumfahrt. Er beschrieb Ionenantriebe, ablative Hitzeschilde und die Erforschung fremder Planeten mithilfe von Raketensonden – die heute wesentliche Bestandteile der modernen Raumfahrt sind. Aber damals war die Öffentlichkeit noch nicht reif für diese fortschrittlichen Ideen: Ein Artikel der *New York Times* aus demselben Jahr warf ihm vor, die Gesetze der Physik nicht zu verstehen, und behauptete, dass Raketen im Vakuum des Weltalls nicht fliegen könnten. (Ein halbes Jahrhundert später, drei Tage vor der Mondlandung von Apollo 11, druckte die *Times* eine Entschuldigung und einen Widerruf ab.) Aber auch ohne öffentliche oder staatliche Unterstützung gelang es Goddard am 16. März 1926, die erste flüssigkeitsgetriebene Rakete auf dem Landsitz seiner Verwandten zu starten. Es war der erste von Dutzenden erfolgreichen Raketenstarts – eine wissenschaftliche Pionierleistung, die den Grundstein für die kommende Raketenforschung und Raumfahrt legte.

Zu Lebzeiten erfuhr Goddard kaum Anerkennung für seine Arbeit. Er erkrankte an Tuberkulose und später an Krebs, wodurch sein Leben ein viel zu frühes Ende fand. Seine Genialität und Beharrlichkeit wurden schließlich verstanden und gewürdigt. Im Jahr 1959 benannte die NASA ihren ersten Forschungskomplex nach ihm. Heute ist das Goddard Space Flight Center in den USA das Haupt-Forschungszentrum für Raketen und Raumfahrt sowie die Basis für das Hubble-Weltraumteleskop und seiner geplanten Nachfolger.

DIE PHYSIK DER RAUMFAHRT

DIE PHYSIK DER RAUMFAHRT
GLOSSAR

Abgasfahne Die Wolke aus den Abgasen eines Raketen- oder anderen Triebwerks.

Apogäum („Apo" für „entfernt" und „-gäum", zu *gaia*, „Erde".) Buchstäblich der fernste Punkt auf einer elliptischen Bahn um die Erde. Oft bezeichnet man damit aber den fernsten Punkt auf einer elliptischen Bahn um einen anderen Himmelskörper.

Astronaut „Sternensegler" („astro" + „naut"), angelehnt an die Aeronauten, die Luftfahrer des 19. Jahrhunderts. Die NASA bezeichnete so in den 1950er-Jahren die US-Raumfahrer, heute wird der Begriff für die meisten Nationalitäten verwendet. *Siehe auch* Kosmonaut, Seite 50; Taikonaut, Seite 73.

Düsenglocke *Siehe Seite 12.*

Ellipsenbahn Eine Bahn in der Form einer Ellipse. Sie ähnelt einem zusammengedrückten Kreis. Siehe auch: Kegelschnitt (oben).

Grenze zum Weltraum Es gibt keine weltweit anerkannte Grenze zwischen der Atmosphäre (Seite 12) und dem Weltraum. Da die Atmosphäre nicht abrupt endet, sondern der Übergang zum All fließend ist, kann man keine eindeutige Grenze zum Weltraum definieren.

Hohmann-Transfer Eine elliptische Bahn an einem energieeffizienten Übergang zwischen zwei Kreisbahnen, die auf derselben Ebene liegen (z. B. Planeten im Sonnensystem). Die Nutzung dieser Bahn spart Treibstoff, aber man muss warten, bis sich die Planeten an bestimmten Positionen befinden. Benannt wurde die Bahn nach dem deutschen Wissenschaftler Walter Hohmann, der 1925 in seinem Buch über die Raumfahrt darüber schrieb.

Hyperbel Ein Kegelschnitt mit einer groben U-Form (*siehe auch* Kegelschnitt). Damit eine Hyperbel entsteht, schneidet die Ebene den Kegel längs, ohne seine Achse zu kreuzen. Ungebundene Körper bewegen sich auf Hyperbelbahnen (z. B. ein Raumschiff, das das Gravitationsfeld eines Planeten verlässt).

Ionenantrieb Dieser Raketenantrieb nutzt zur Fortbewegung einen Rückstoß, erzeugt durch geladene Teilchen (Ionen), die durch elektrostatische Kräfte beschleunigt werden.

Kegelschnitt Eine Kurve, die entsteht, wenn man einen dreidimensionalen Kegel mit einer Ebene (z. B. einem Blatt Papier) schneidet. Kreise, Ellipsen, Hyperbeln (siehe oben) und Parabeln (siehe unten) sind Kegelschnitte.

Lagrange-Punkte Gleichgewichtspunkte für Körper, deren Umlaufbahn sich in der Nähe mehrerer großer Massen befindet. Im Umkreis jedes Planeten (z. B. der Erde) gibt es fünf solcher Punkte (L1, L2, L3, L4 und L5), an denen die Schwerkraft der Sonne jene des Planeten ausgleicht. Kleine Satelliten, die sich in der Nähe dieser Punkte befinden, können sich dort für lange Zeit auf einer stabilen Bahn bewegen, statt direkt um eine der beiden Massen zu kreisen.

Luftwiderstand Die Kraft, die auf einen durch die Luft fliegenden Körper wirkt. Sie entsteht durch den Aufprall tausender mikroskopisch kleiner Luftpartikel.

menschliche Computer Bevor es **mechanische oder elektronische Rechner** gab, beschäftigten Forschungszentren wie die NASA Dutzende „menschliche Computer", um unter anderem die abertausenden Berechnungen für die Flugbahnen der Raumschiffe durchzuführen. Oft handelte es sich dabei um Frauen (einschließlich Afroamerikanerinnen), die brillante Mathematikerinnen und/oder Wissenschaftlerinnen waren, aber damals keine andere Anstellung fanden.

Oxidator Ein chemisches Oxidationsmittel, wie es für viele chemische Reaktionen benötigt wird (unter anderem bei der Verbrennung des Kraftstoffs in einem Raketentriebwerk). Es kann Elektronen von der Substanz, mit der es reagiert, aufnehmen. Aufgrund der oxidierenden Wirkung von Sauerstoff kann zum Beispiel auf der Erde Feuer brennen. Im Weltall gibt es keinen freien Sauerstoff, darum müssen Raketentriebwerke ihre eigenen Oxidatoren mitbringen.

Parabel Ein Kegelschnitt mit einer groben U-Form. Damit eine Parabel entsteht, schneidet die Ebene einen Kegel von der Seite durch die Mittellinie und schließlich die Grundfläche. Alle Flugkörper auf der Erde bewegen sich auf parabelförmigen Bahnen.

Satellit Ein Objekt, das einen Planeten oder einen anderen Himmelskörper im Sonnensystem umkreist. Meist bezeichnet man damit künstliche Flugkörper, die im Gegensatz zu natürlichen Satelliten durch den Menschen in ihre Umlaufbahn gebracht werden.

Sonnensegel Dieser Antrieb nutzt den Druck von Photonen, der durch eine reflektierende Oberfläche erzeugt wird. Die Beschleunigung ist gering, aber kontinuierlich, und benötigt keinen Treibstoff. Dadurch ist diese Methode für langfristige Missionen interessant.

stabile Umlaufbahn Die Bahnkurve eines Körpers (unter dem Einfluss der Gravitation), wenn er sich über einen langen Zeitraum hinweg auf dieser bewegen kann.

WARUM RAKETEN?

30-Sekunden-Orbit

Raketen sind gefährlich. Jeder Start ist eine sorgfältig kontrollierte Explosion, bei der Tausende Tonnen von oft giftigen Chemikalien ausgestoßen werden – aus einer Röhre, die den Umfang eines Kleinwagens oder eines Wolkenkratzers haben kann. Geht der Start schief, entlädt sich die gesamte Energie in Explosionen, die größer sind als die mancher Atombomben. Trotz dieses Risikos wird jeder Satellit und jeder Astronaut mit einer Rakete ins All befördert, da bis jetzt nur diese Flugkörper die für die Raumfahrt benötigte Energie schnell genug erzeugen können. Auf der Höhe, auf der sich die meisten Satelliten befinden, ist die Schwerkraft der Erde immer noch über 90 % so stark wie auf der Erdoberfläche, und diese Kraft gilt es auf dem Weg ins All zu überwinden. Würde man einen Kleinwagen, der eine Tonne schwer ist, an die Grenze zum Weltraum heben (in eine Höhe von etwa 100 km), erforderte das nur die Energie, die ein Tank voll Benzin liefert. Aber das wäre noch nicht alles: Um auf eine stabile Bahn zu gelangen, bräuchte unser Weltraumauto die Energie einer Tonne Benzin. Ein Raumschiff muss darüber hinaus noch seinen eigenen Treibstoff mitbringen, was ebenfalls Energie kostet. Und mit jeder Sekunde, die beim Aufstieg vergeht, verbraucht die Schwerkraft etwas mehr von der Energie, sodass man noch mehr Kraft aufwenden muss, um unseren Traum von der Reise ins All verwirklichen zu können.

3-SEKUNDEN-START

Raketen sind zurzeit die einzigen Maschinen, die lange genug ausreichend Kraft erzeugen können, um ein Raumschiff in den Orbit zu befördern.

3-MINUTEN-LANDUNG

Raketen, die Raumschiffe und Satelliten ins All schicken, benötigen den Großteil ihrer Energie, um auf Bahngeschwindigkeit zu beschleunigen – über 28.000 km/h an der Obergrenze der Erdatmosphäre. Um die Reibung der Atmosphäre zu überwinden, muss relativ wenig Energie aufgewendet werden. Eine Sonde, die zu einem anderen Planeten unterwegs ist, muss Fluchtgeschwindigkeit erreichen – über 40.000 km/h – und benötigt dafür doppelt so viel Energie.

VERWANDTE THEMEN

Siehe auch
DIE RAKETENGLEICHUNG
Seite 24

RAKETENTRIEBWERKE
Seite 38

RAKETENKONSTRUKTION
Seite 40

3-MINUTEN-BIOGRAFIE

HERMANN OBERTH
1894–1989
Ein österreichisch-deutscher Physiker, dessen Buch *Wege zur Raumschifffahrt* im Jahr 1929 die Physik der Raketentechnik für die Raumfahrt beschrieb.

Die Kraft, die eine Rakete braucht, um ins All zu fliegen, ist beeindruckend und beängstigend zugleich.

IN DEN ORBIT

30-Sekunden-Orbit

3-SEKUNDEN-START
Ein Objekt, das auf einen Himmelskörper fällt, folgt einer Bahn in der Form eines Kegelschnitts. Je nach Flughöhe und -tempo fällt es zu Boden, gelangt in den Orbit oder entzieht sich der Gravitation.

3-MINUTEN-LANDUNG
Verliert ein Raumschiff absichtlich oder unabsichtlich an Geschwindigkeit, krümmt sich seine Bahn wieder zurück zum Boden. Ein tragisches Beispiel dafür war der russische Beobachtungssatellit *Kosmos 954*, der früher als erwartet durch die Reibung in der dünnen oberen Atmosphäre gebremst wurde und auf die Erde stürzte. Radioaktive Kernbrennstoffe verseuchten Gebiete der kanadischen Arktis. Eine mehrere Millionen Dollar teure Reinigungsaktion musste durchgeführt werden.

Wirft man einen Ball in die Luft, verliert er beim Aufstieg Geschwindigkeit, wird beim Fallen aber wieder schneller. Ein schwerer Ball mit geringstmöglichem Luftwiderstand landet mit derselben Geschwindigkeit, mit der er hochgeworfen wurde. Wirft man den Ball leicht nach vorn, beschreibt seine Flugbahn eine Kurve, die man Parabel nennt. Würde man den Ball so schnell nach vorn werfen, dass die Kurve seiner Flugbahn der Erdkrümmung entspräche, würde er sich auf einem kreisförmigen Weg immer weiterbewegen und befände sich auf einer stabilen Umlaufbahn. Ohne äußere Einflüsse wie etwa Luftwiderstand bliebe der Ball auf unbestimmte Zeit auf dieser Bahn und wäre nun ein Satellit. Ein Raumschiff, das etwas schneller als mit der Geschwindigkeit für eine kreisförmige Umlaufbahn fliegt, steigt auf, wenn es langsamer wird, und fällt, während es beschleunigt. Es folgt einer elliptischen Bahn. Wird das Raumschiff noch schneller, kann es die Erdatmosphäre verlassen, bevor es von der Schwerkraft gebremst wird, und fliegt dann mit „Fluchtgeschwindigkeit“. Ein Raumfahrzeug, das sich mit der minimalen Fluchtgeschwindigkeit bewegt, folgt einer Parabel. Eines, das sich noch schneller bewegt, folgt einer flacheren Kurve: einer Hyperbel. Die vier möglichen Bahnformen – Kreis, Ellipse, Parabel und Hyperbel – sind auch verschiedene Arten des Kegelschnitts.

VERWANDTE THEMEN
Siehe auch
SPUTNIK
Seite 52

STARTPLÄTZE FÜR RAKETEN
Seite 76

SATELLITENSYSTEME
Seite 88

3-MINUTEN-BIOGRAFIE
FRIEDRICH BESSEL
1784–1846
Ein preußischer Astrophysiker, der die Mathematik der Gravitation in Mehrkörpersystemen entwickelte. Er entdeckte die gravitative Einwirkung eines damals unbekannten Weißen Zwergs auf den Stern Sirius.

Die Flugbahnen von Körpern im freien Fall beschreiben die geometrischen Formen von Kegelschnitten.

RAUMFLUG-MECHANIK

30-Sekunden-Orbit

Im Film steigt eine Rakete gerade in die Luft. Die Raumfahrtmechanik erklärt uns, warum das in Wirklichkeit nicht funktioniert. Ein Raumfahrzeug, das von der Erde zum Mond reisen würde, müsste von einer Trägerrakete in eine kreisförmige, erdnahe Umlaufbahn (*low earth orbit*, LEO) mehrere hundert Kilometer über dem Äquator gebracht werden. Und dann? Die Umlaufbahn des Mondes ist tausendmal so weit entfernt, darum muss das Raumschiff weiter aufsteigen. Intuitiv gedacht würde man den Mond einfach direkt ansteuern, aber bedeutend effizienter ist der sogenannte Hohmann-Transfer, bei dem eine Übergangs-Ellipse als Brücke zur Mondbahn verwendet wird. Das Raumfahrzeug zündet seine Triebwerke und beschleunigt um ein genau kalkuliertes Maß. Dadurch wird der höchste Punkt seiner Umlaufbahn (das Apogäum) auf die Höhe des Mondes über der Erde angehoben. Das Raumschiff gleitet dann zum Apogäum und zündet erneut seine Triebwerke, um die Geschwindigkeit des Mondes zu erreichen. Die Mondbahn verläuft übrigens nicht parallel zum Äquator, sondern in einem Winkel von ungefähr 28 Grad. Um diese Neigung, auch Inklination genannt, auszugleichen, führt das Raumschiff einen Inklinationswechsel durch. Dabei zündet es wieder seine Triebwerke und lenkt seine Bahn nach Norden oder Süden ab, bis die Neigung seiner eigenen Umlaufbahn genau jener des Mondes entspricht.

3-SEKUNDEN-START

Um ein Raumfahrzeug im Weltall herumzubewegen, werden zwei grundlegende Manöver benötigt: der Hohmann-Transfer und der Inklinationswechsel.

3-MINUTEN-LANDUNG

Bei Bahnmanövern ist der Treibstoff knapp kalkuliert. Erschwerende Faktoren, etwa die Anziehungskraft des Mondes, der Sonne und der Planeten oder die Wulst am Äquator der Erde können eine ansonsten stabile Umlaufbahn stören – oder durch einen glücklichen Zufall noch effizienter Bahnen aufzeigen. Die Nutzung von Lagrange-Punkten (ein Flugkörper balanciert zwischen den Gravitationskräften zweier Körper) und Techniken wie dem Swing-by-Manöver (ein Raumfahrzeug nimmt orbitale Energie von einem Himmelskörper auf) sind einige der Strategien.

VERWANDTE THEMEN

Siehe auch
ASTRONAUTISCHE BERECHNUNGEN
Seite 44

DIE APOLLO-MONDLANDUNG
Seite 62

COUNTDOWN UND START
Seite 78

3-MINUTEN-BIOGRAFIEN

PIERRE-SIMON LAPLACE
1749–1827
Ein französischer Mathematiker und Verfasser des fünfbändigen Werks *Traité de Mécanique Céleste* („Abhandlung über die Himmelsmechanik"), dem wichtigsten Werk von allen Texten, die auf Newtons Forschung zur Mathematik der Bahnkurven aufbauten.

WALTER HOHMANN
1880–1945
Ein deutscher Bauingenieur und Raketenpionier, der 1925 die nach ihm benannte Transferbahn ermittelte.

Die Raumflugmechanik ist der mathematische Weg von der Erde in die Weiten des Weltalls.

RAKETEN-TRIEBWERKE

30-Sekunden-Orbit

Eine Rakete ist eine Bombe mit einem Triebwerk. Wenn die Rakete zündet, explodiert der Treibstoff in ihr und das Triebwerk sorgt dafür, dass die entstehende Energie kontrolliert gelenkt wird und die Rakete nicht zerspringt. Die Düsenglocke ist die häufigste Form der Raketentriebwerke. Sie besitzt eine Hochdruck-Brennkammer, verbunden mit einer konischen Glocke, aus der die Gase möglichst schnell nach hinten ausgestoßen werden und den Schub erzeugen, um die Rakete anzutreiben. Die Triebwerke von Flüssigkeitsraketen verfügen über eine ausgeklügelte Technik, den Treibstoff gegen den Druck in die Brennkammer zu pumpen. Bei diesem System kommt es aufgrund der extremen Temperaturen und des hohen Drucks jedoch auch häufig zu Ausfällen. Die Ingenieure müssen beim Bau abwägen, ob die Rakete wenige große, dafür leistungsstärkere Triebwerke haben soll oder viele kleine Motoren, was aber bedeutet, dass es mehr Teile gibt, bei denen Fehler und Störungen auftreten können. Leistungsfähigere Triebwerke verfügen über zusätzliche Funktionen, zum Beispiel die Möglichkeit, den Antrieb zu drosseln oder den Rückstoß in verschiedene Richtungen zu lenken, um das Raumfahrzeug zu steuern. Solche Triebwerke sind äußerst nützlich, aber noch schwieriger zu konstruieren.

3-SEKUNDEN-START

Ein Raketentriebwerk lenkt die Kraft einer Explosion so, dass sich die Rakete in eine Richtung bewegt.

3-MINUTEN-LANDUNG

Die Düsenglocke ist am effizientesten, wenn die Gase in einer geraden Linie aus der ganzen Öffnung ausströmen. Das geschieht bei unterschiedlichen Luftdrücken, je nach Form der Düse, sodass es ein Triebwerkmodell in verschiedenen Ausführungen mit derselben Technik, aber mehreren Düsenformen für verschiedene Höhen geben kann. Einige neuere Triebwerke haben eine Stachelform oder eine Düse, die sich an mehrere Flughöhen anpassen kann und dann optimaler funktioniert.

VERWANDTE THEMEN

Siehe auch
SATURN V
Seite 60

METALLE UND MATERIALIEN DER RAUMFAHRT
Seite 74

NEUE TREIBSTOFFE
Seite 144

3-MINUTEN-BIOGRAFIE

SERGEI KOROLEV
1907–1966
Der Leiter des sowjetischen Raumfahrtprogramms und der Ingenieur hinter dem Start des ersten Satelliten *Sputnik*.

Ohne die Leistung ihrer ausgeklügelten Triebwerke wären Raketen nur teure Kraftstofftanks.

United States

RAKETEN-KONSTRUKTION

30-Sekunden-Orbit

3-SEKUNDEN-START
Bei der Konstruktion von Raumfahrzeugen müssen Faktoren wie Leistung, Gewicht, Widerstand und Sicherheit beachtet werden.

3-MINUTEN-LANDUNG
Es gibt ganze „Familien" von Trägerraketen, in denen die einzelnen Modelle gemeinsame Merkmale aufweisen, etwa bestimmte Stufen und Triebwerke. Bekannte und etablierte Raketenfamilien sind unter anderem die amerikanischen Atlas- und Delta-Serien, die Ariane der europäischen Weltraumorganisation ESA, die japanische H-II und die chinesische Reihe „Langer Marsch". Die russische R-7, berühmt für ihre vier symmetrisch an der Seite montierten Stufen, ist die älteste und am häufigsten verwendete Trägerraketen-familie. Die Stufen bilden das nach dem Raketenkonstrukteur Sergei Koroljow benannte „Koroljow-Kreuz".

Der Start größerer Nutzlasten ist lukrativer, daher greifen die Ingenieure zu allerhand Tricks, um jedes Quäntchen Energie aus einer Rakete zu gewinnen. Einer der ältesten ist der Bau von Stufenraketen: Eine kleine Rakete kommt auf eine große oder eine große Rakete auf eine riesige. Verbrauchte Teile (die „Stufen") werden abgeworfen, sodass die Rakete keine leeren Treibstofftanks und zusätzliche Motoren mit sich führen muss. Die nun leichtere Rakete setzt ihren Weg ins All fort, um die Nutzlast in ihre Umlaufbahn zu bringen. Die Stufen können übereinander gestapelt werden, um den Luftwiderstand zu verringern, oder nebeneinander montiert werden, damit mehrere Triebwerke gleichzeitig gezündet werden können. Viele Raketen sind auch eine Kombination aus beiden Varianten. Neben der Schwerkraft ist der Luft- oder Strömungswiderstand der größte Energiefresser. Um Treibstoff zu sparen, transportiert die Rakete ihre Fracht daher in stromlinienförmigen Nutzlastverkleidungen. Auch die zugespitzte Form der Rakete verringert den Energieverbrauch. Eine Trägerrakete für kleine Satelliten ist in der Konstruktion und vom Aufbau her meist simpler und günstiger, während bei schweren Raumfrachtern weder Kosten noch Mühen gescheut werden, um möglichst viel Leistung bei minimalem Gewicht herauszuholen. Bemannte Raketen müssen äußerst verlässlich und mit Rettungsfunktionen und Schleudersitzen ausgestattet sein.

VERWANDTE THEMEN
Siehe auch
ROBERT GODDARD
Seite 26

DIE RAKETEN FÜR DEN WETTLAUF INS ALL
Seite 58

NEUE TREIBSTOFFE
Seite 144

3-MINUTEN-BIOGRAFIEN
WERNHER VON BRAUN
1912–1977
Ein deutscher Ingenieur, unter dessen Leitung die V-2-Rakete konstruiert wurde. Sie war die erste Rakete, die den Weltraum erreichte. Zum Kriegsende stellte sich von Braun den US-Soldaten und arbeitete schließlich als leitender Techniker für die NASA, wo er Raketen für den Wettlauf ins All entwickelte.

Bei der Konstruktion von Raketen müssen die Ingenieure viele Faktoren sorgfältig aufeinander abstimmen, damit der Start gelingt.

TREIBSTOFFE

30-Sekunden-Orbit

Raketentreibstoffe bestehen aus zwei Chemikalien, die zusammen verbrennen, wie das bei jeder Art von Feuer der Fall ist. Die beiden Komponenten sind ein Brennstoff und ein Oxidator. Im Schwarzpulver der ersten Raketen dienten Kohle und Schwefel als Brennstoffe und Salpeter als Oxidator. Ein Festtreibstoff wie Schwarzpulver muss sich bei der Zündung der Rakete bereits im Triebwerk befinden. Flüssigtreibstoffe können in Tanks mitgeführt und ins Triebwerk gefördert werden. Die Aufgabe des Treibstoffs ist es, den Schub zu erzeugen, bei dem Abgase aus der Düse gepresst werden und dadurch die Rakete beschleunigen – gemäß des dritten Newtonschen Gesetzes. Je heißer das Gas und je leichter die Moleküle, aus denen es besteht, desto schneller strömt es aus dem Triebwerk aus und desto mehr Energie liefert es der Rakete. Benötigt die Rakete eine spezielle Ausstattung, um den Treibstoff zu verbrennen oder aufzubewahren, ist sie schwerer und kann weniger Nutzlast transportieren. Frühe Flüssigkeitsraketen verwendeten Benzin, was preiswert, aber ineffizient ist. Außerdem wird eine Zündkerze benötigt. Viele große Raumfahrzeuge, wie etwa das Space Shuttle, werden mithilfe von flüssigem Wasserstoff und flüssigem Sauerstoff angetrieben. Diese beiden Gase verbrennen hervorragend miteinander und erzeugen dabei Wasser, aber benötigen teure und schwere Treibstofftanks.

3-SEKUNDEN-START

Der perfekte Treibstoff – der gut verbrennt, leichte Abgase erzeugt, einfach zu transportieren ist, dabei energiedicht, ungiftig und preiswert – existiert nicht. Treibstoffe werden an die jeweilige Mission angepasst.

3-MINUTEN-LANDUNG

Eine Treibstoffkombination, die sich spontan von selbst entzündet, nennt man „hypergol". Hypergole Treibstoffe vereinfachen die Raketenkonstruktion – auf Kosten der Sicherheit. Einige Raketentreibstoffe sind ungewöhnlich und extrem gefährlich, andere finden sich in jedem Haushalt: Wasserstoffperoxid, das als Desinfektions- und Bleichmittel verwendet wird, ist ein leicht zu transportierender Oxidator. Die Ingenieure, die an der V-2-Rakete der Nazis arbeiteten, hassten es, wenn die Techniker heimlich ihren Treibstoff – Alkohol – tranken.

VERWANDTE THEMEN

Siehe auch
DIE RAKETENGLEICHUNG
Seite 24

LOHNT SICH DIE RAUMFAHRT?
Seite 90

EROBERUNG DES SONNENSYSTEMS
Seite 142

3-MINUTEN-BIOGRAFIE

WALENTIN GLUSCHKO
1908–1989
Ein russischer Ingenieur, der wohl erstmals hypergole Treibstoffe verwendete und einige der bekanntesten Raketentriebwerke der Welt konstruierte.

Es gibt viele Substanzen, die miteinander verbrennen, aber um eine Rakete zu zünden, ist chemisches Fingerspitzengefühl gefragt.

ASTRONAUTISCHE BERECHNUNGEN

30-Sekunden-Orbit

Die Astronautik umfasst alles vom Bau der Raumfahrzeuge bis zu deren Start; von der Raumflugmechanik bis zum Lenken und Beschleunigen der Raumfahrzeuge; und natürlich die Chemie, die den Antrieb von Raketen ermöglicht. Die ersten theoretischen Überlegungen zur Astronautik wurden lange vor den Flugversuchen gemacht – auf der Basis der Arbeit Isaak Newtons, der Grundsätze der Bewegung formulierte. Diese Gesetze gelten überall im Universum. Im Computerzeitalter werden astronautische Berechnungen meist mit spezieller Software gemacht, aber bevor es diesen Luxus gab, wurden die komplexen Kalkulationen, die für die Raumfahrt benötigt wurden, von „menschlichen Computern" durchgeführt. Zur Astronautik gehört nicht nur das Teilgebiet der Raumflugmechanik, die sich mit Flug- und Umlaufbahnen beschäftigt, sondern auch die Raketenkonstruktion. Letztere befasst sich mit allen Schritten, die zum Bau einer Rakete gehören, vom Entwurf des stromlinienförmigen Flugkörpers bis hin zum Wärmemanagement von Satelliten und dem Design von Raumkapseln, in denen Menschen im All überleben können. Auch der Antrieb von Raumfahrzeugen ist ein wichtiges Thema in der Astronautik. Dazu gehören chemische Antriebe (Flüssigtreibstoffe) und andere Methoden, zum Beispiel Nuklearantriebe oder Sonnensegel. Die Ingenieure der Astronautik sind die Schlüsselfiguren für eine erfolgreiche Raumfahrt.

3-SEKUNDEN-START

Der Begriff „Astronautik" umfasst die Physik, die Technik und die Mathematik der Raumfahrt – also alles, was wir unter „Raketenwissenschaft" verstehen.

3-MINUTEN-LANDUNG

Zur Astronautik zählt man oft auch die Theorie und Mathematik des Fliegens sowie die Luftfahrt an sich. Viele Interessierte, die in diesem Bereich arbeiten wollen, studieren Luft- und Raumfahrttechnik, oft in Kombination mit einem Studium der Mathematik, Physik, Chemie oder Informatik.

VERWANDTE THEMEN

Siehe auch
DIE RAKETENGLEICHUNG
Seite 24

RAUMFLUGMECHANIK
Seite 36

RAKETENKONSTRUKTION
Seite 40

3-MINUTEN-BIOGRAFIEN

DOROTHY VAUGHAN
1920–2008
Die Leiterin einer Gruppe afroamerikanischer Frauen, die für das NACA, dem Vorläufer der NASA, astronautische Berechnungen durchführten (hauptsächlich auf dem Gebiet der Raumflugmechanik).

MARGARET HAMILTON
geb. 1936
Eine amerikanische Informatikerin und Leiterin des Teams, das die Bordsoftware für die Apollo-Mondmissionen entwickelte.

Um die Flugbahnen für die Raumfahrt zu berechnen, müssen viele präzise Kalkulationen durchgeführt werden.

26. August 1918
Geboren als Katherine Coleman in White Sulphur Springs im US-Bundesstaat West Virginia.

1937
Schließt ihr Studium in den Hauptfächern Mathematik und Französisch am West Virginia State College ab. Beginnt als Lehrerin in Virginia zu arbeiten.

1939
Heiratet James Goble. Beginnt an der West Virginia University ein Aufbaustudium der Mathematik – als erste Afroamerikanerin, die dort an einem postgradualen Programm teilnimmt.

1953
Beginnt ihre Arbeit als Mathematikerin für das NACA im „farbigen Computerteam" des Langley-Forschungszentrums.

1958
Arbeitet als Luftfahrttechnikerin für die NASA.

1961
Berechnet die Umlaufbahn für Alan Shepard, den ersten Amerikaner im All.

1962
Überprüft auf John Glenns dringliche Bitte hin die Computerberechnungen für die Umlaufbahn seines ersten Orbitalflugs.

1960er
Hilft dabei, die Umlaufbahnen für Apollo 11 und 13 zu berechnen.

2015
Wird mit der *Presidential Medal of Freedom* ausgezeichnet.

24. Februar 2020
Stirbt im Alter von 101 Jahren in Newport News im US-Bundesstaat Virginia.

KATHERINE JOHNSON

Katherine Johnson (geboren 1918 als Katherine Coleman und nach ihrer ersten Ehe von 1939–1959 als Katherine Goble bekannt) war eine US-amerikanische Mathematikerin. Sie führte ein außergewöhnliches Leben, das im Sumpf der Rassentrennung begann und in ihrer Mitarbeit an der Apollo-Mondlandung gipfelte.

Johnson zeigte schon früh ein mathematisches Talent. Da Afroamerikaner in ihrer Heimatstadt damals nur bis zur achten Klasse an öffentliche Schulen gehen konnten, zogen ihre Eltern um, damit Katherine und ihre älteren Geschwister eine andere High School besuchen konnten. Mit 14 Jahren machte sie ihren Schulabschluss. Mit nur 18 Jahren beendete sie das College und mit 19 begann sie ein Studium der Mathematik, das sie jedoch abbrach, um sich ihrer Familie zu widmen.

Erst in den 1950er-Jahren fand Johnson einen Job, in dem sie ihre mathematischen Fähigkeiten voll und ganz einsetzen konnte. Das National Advisory Committee for Aeronautics (NACA, das im Jahr 1958 durch die NASA ersetzt wurde) suchte nach Mathematikern für Berechnungen. Im Jahr 1953 begann Johnson, im „farbigen Computerteam" in Langley zu arbeiten. Sie und die anderen (afroamerikanischen weiblichen) „Computer" wurden zu jener Zeit aufgrund ihrer Hautfarbe und ihres Geschlechts erheblich diskriminiert. Im Jahr 1958, als nach der Gründung der NASA die ersten Rechenmaschinen zum Einsatz kamen, wurde das Computerteam aufgelöst. Johnson arbeitete nun als Luftfahrtingenieurin im Raumfahrtkontrollzentrum der NASA, wo sie die Umlaufbahnen für einige der berühmtesten Missionen der frühen US-Raumfahrtgeschichte berechnete, unter anderem für Alan Shepards ersten Flug, für John Glenns ersten Orbitalflug und für die Apollo-11-Mission, die den ersten Menschen auf den Mond brachte.

Johnsons Leistung wurde bei der NASA geschätzt, aber in der Öffentlichkeit ignoriert. Erst im 21. Jahrhundert wurde die Rolle der (weiblichen) afroamerikanischen „Computer" in der frühen Raumfahrt gewürdigt. In späten Jahren erhielt Johnson noch zahlreiche Auszeichnungen und besuchte im Jahr 2015 im Alter von 97 Jahren noch das Weiße Haus, wo man ihr die *Presidential Medal of Freedom* verlieh, die höchste zivile Auszeichnung in den USA. Ihr Leben wurde 2016 in Margot Lee Shetterlys Buch *Hidden Figures – Unerkannte Heldinnen* und im gleichnamigen Film aufgearbeitet.

WETTLAUF INS ALL

WETTLAUF INS ALL
GLOSSAR

Ankopplung Das Ankoppeln oder Andocken, also die Verbindung zweier Raumfahrzeuge. Aufgrund des Vakuums im All müssen solche Systeme komplett luftdicht funktionieren, aber auch die Möglichkeit bieten, die Verbindung später wieder zu lösen.

Feststoffraketen (Solid Rocket Boosters, SRBs.) Eine Raketenart, die Festtreibstoff verwendet. Die SRBs waren beliebt, da sie im Gegensatz zu Flüssigtreibstoffraketen relativ einfach aufgebaut waren. Das Space Shuttle nutzte zwei wiederverwendbare SRBs, die einen Großteil des Startschubs erzeugten.

Ionosphäre Eine Schicht in der oberen Erdatmosphäre, die größtenteils aus Ionen (elektrisch geladenen Teilchen) besteht. Sie befindet sich an der Grenze zum Weltraum, im Bereich von 80–1000 Kilometern über der Erdoberfläche.

Kosmonaut Wörtlich: „Seefahrer des Weltraums". Dieser Begriff bezeichnet russische Raumfahrer. *Siehe auch:* Astronaut, Seite 30; Taikonaut, Seite 73.

Mondlandefähre Das Landevehikel, das bei den Apollo-Mondmissionen verwendet wurde. Der zweiteilige Lander besaß zwei Stufen, eine Abstiegsstufe, die auf dem Mond zurückgelassen wurde und als Startplattform für die Aufstiegsstufe diente. Letztere brachte die Astronauten wieder zur Rückkehrkapsel, mit der sie zur Erde flogen.

Mondumlaufbahn-Rendezvous Die Strategie der NASA bei den Apollo-Mondmissionen. Man konstruierte nicht ein einzelnes Raumfahrzeug, das zum Mond fliegen, landen und zur Erde zurückkehren konnte, sondern ein mehrteiliges System. Ein Teil davon (der Lander) besuchte den Mond, während der zweite Teil (der Orbiter) in der Umlaufbahn verblieb. Nach Abschluss der Oberflächenmission näherten sich die beiden Flugkörper aneinander an. Der Lander wurde aufgegeben und blieb im All. Die Astronauten kehrten im Orbiter zur Erde zurück.

Nutzlast *Siehe Seite 13.*

Raketenstufen Viele Raketen nutzen auf ihrem Weg ins All zwei oder mehrere „Stufen". Sobald der Treibstoff einer Stufe verbraucht ist, wird sie abgeworfen, um das Gewicht der verbleibenden Rakete zu verringern. Raketen, die mithilfe dieser Methode in den Weltraum fliegen, verbrauchen bedeutend weniger Treibstoff als eine einstufige Rakete.

suborbitaler Flug Ein Flug, der die Grenze zum Weltraum überschreitet, aber die Erde nicht in einer Umlaufbahn umkreist. Die ersten Ausflüge ins All in den 1960er-Jahren waren suborbitale Flüge (z. B. von Alan Shepard, dem ersten Amerikaner im Weltraum). Heute besteht kommerzielles Interesse an dieser Möglichkeit, um die Zeiten von interkontinentalen Flügen zu verkürzen.

Troposphäre Die untere Atmosphäre; die dickste und dichteste Schicht der Atmosphäre, die sich direkt über der Erdoberfläche befindet. Der Druck der Atmosphäre, der auf Meereshöhe auf einem Menschen lastet, entspricht jenem eines Elefanten, der auf dem Boden steht. In diesem Bereich der Atmosphäre spielt sich das Wettergeschehen ab.

V-2-Rakete („Aggregat 4".) Das erste künstliche Objekt, das die Grenze zum Weltraum überschritt (im Juni 1944). Die von den Nazis gebaute V-2 („Vergeltungswaffe 2") war der Vorläufer aller Weltraumraketen.

weiche Landung Anders als bei einer harten Landung wird der Flugkörper bei einer weichen Landung nicht zerstört.

Weltraumhabitat Der Lebensraum im All und seine Herausforderungen. Man musste spezielle Technologien entwickeln, um Wasser zu recyceln und die Besatzung mit Nahrung, Luft und Wärme zu versorgen. Zusätzlich wirkt sich die Schwerelosigkeit auf den menschlichen Körper aus. Flüssigkeiten verteilen sich um, vielen Astronauten wird übel, und auf langen Missionen kommt es zu Muskelschwund (der auch das Herz betrifft).

Weltraumspaziergang Ein Außenbordeinsatz eines Raumfahrers. Wichtig für den Erfolg eines Weltraumspaziergangs ist der Raumanzug, der seinen Träger warm halten und vor der lebensfeindlichen Umgebung im All schützen soll. Gleichzeitig müssen die Anzüge flexibel genug sein, damit sich die Astronauten in ihnen ausreichend bewegen können.

Wostok-Programm Das russische Raumfahrtprojekt, in dessen Rahmen es gelang, den ersten Menschen (Juri Gagarin) in den Weltraum zu schicken.

SPUTNIK

30-Sekunden-Orbit

3-SEKUNDEN-START
Der sowjetische *Sputnik 1* war der erste künstliche Satellit der Geschichte und der Startschuss zum Wettlauf ins All.

3-MINUTEN-LANDUNG
Wissenschaftler und Funkamateure auf der ganzen Welt taten sich zusammen, um die Umlaufbahn von Sputnik zu verfolgen. Die Universität von Illinois veröffentlichte nur zwei Tage nach dem Start die ersten Daten seines Orbits, die von den Funksendern des Satelliten gemessen und mithilfe des ILLIAC-Computers der Universität tabellarisch dargestellt wurden. Tausende Amateure nahmen an „Operation Moonwatch" teil und machten präzise Beobachtungen von Sputnik und seinem helleren Booster. Sie spielten eine wesentliche Rolle bei der Nachverfolgung der ersten sowjetischen und amerikanischen Satelliten.

Kaum zu glauben, dass ein so unscheinbarer Flugkörper wie *Sputnik 1* zwei Supermächte dermaßen aufwühlen konnte. Aber so geschah es am 4. Oktober 1957. Die Welt stand unter Schock, als diese technische Meisterleistung im sowjetischen Kasachstan in die Umlaufbahn befördert wurde. Sputnik war fast so simpel wie ein Satellit nur sein konnte: eine Metallkugel mit einem Durchmesser von nur 58 Zentimetern und vier Antennen. Die Funkdaten, die Sputnik übertrug, gaben Aufschluss über die obere Erdatmosphäre, aber der wissenschaftliche Nutzen des Satelliten wurde von seinen politischen Zwecken überschattet. Die USA hatten zur Vorbereitung auf das Internationale Geophysikalische Jahr 1957/58 am Start ihres eigenen Satelliten gearbeitet, aber Rivalitäten zwischen ihren eigenen Streitkräften behinderten die Raumfahrtpläne. In der Zwischenzeit nutzte die Sowjetunion ihre Überlegenheit. Die Leistung und die Reichweite der R-7 Rakete, deren obere Stufe mit Sputnik in der Umlaufbahn verblieb, versetzte die amerikanische Presse in Aufruhr. Dort mahnte man vor sowjetischen Atombomben, die plötzlich aus dem Himmel auf US-Städte fallen würden. Dass es von *Sputnik 1* bis fünf Tage nach dem Start kein Foto gab, schürte die Angst zusätzlich. Während die Sowjets triumphierten und die US-Regierung sprachlos war, stieg die Metallkugel über die Erde. Der erste Schritt auf dem Wettlauf ins All war getan.

VERWANDTE THEMEN
Siehe auch
VISIONEN DER RAUMFAHRT
Seite 22

DIE APOLLO-MONDLANDUNG
Seite 62

COUNTDOWN UND START
Seite 78

3-SEKUNDEN-BIOGRAFIE
KARIM KARIMOW
1917–2003
Ein aserbaidschanisch-sowjetischer Ingenieur und Leiter mehrerer wichtiger Bereiche des sowjetischen Raumfahrtprogramms in der Zeit von Sputnik bis zur Raumstation „Mir".

Sputnik war nur klein, aber sein Start war ein großer Propagandasieg für die Sowjetunion.

DIE ANFÄNGE DER SOWJETISCHEN RAUMFAHRT

30-Sekunden-Orbit

In den Jahren nach Sputnik setzte die Sowjetunion fast jeden Meilenstein der Raumfahrt noch vor den USA. Nur 32 Tage nach *Sputnik 1* brachte *Sputnik 2* das erste Tier ins All: die Hündin Laika. In den Folgejahren wurden im Rahmen des Wostok-Programms die Kosmonauten Juri Gagarin und Walentina Tereschkowa als erster Mann und erste Frau in den Weltraum geschickt. Alexei Leonow unternahm den ersten Weltraumspaziergang. Nur vom Raumanzug geschützt verließ er sein Raumschiff *Woschod 2*. Sowjetische Raumsonden waren die ersten, die am Mond, an der Venus und am Mars vorbeiflogen, aufprallten und weich landeten. Sie brachten erstmals Tiere (ein Paar Schildkröten) in die Umlaufbahn des Mondes und zurück zur Erde. Bei allen Erfolgen war das sowjetische Raumfahrtprogramm aber auch verschwiegen und unorganisiert. Vier Konstruktionsbüros konkurrierten miteinander und das Image war in der Regel wichtiger als die Sicherheit. Meilensteine wurden oft erst nach Erfolgen bekannt gegeben, während man Fehlschläge jahrzehntelang geheim hielt. Gescheiterte Mond- und interplanetare Sonden erhielten die Standardbezeichnung für Satelliten, *Kosmos*, ein Deckname, unter dem auch die Militär- und Spionagesatelliten der Sowjets geführt wurden. Dieses Umfeld der Vertuschung führte 1967 schließlich zum tragischen Absturz des fehlerhaften Raumschiffs *Sojus 1*, bei dem der Kosmonaut Wladimir Komarow ums Leben kam.

3-SEKUNDEN-START

Das sowjetische Raumfahrtprogramm hatte im ersten Jahrzehnt des Wettlaufs ins All klar die Nase vorn, litt aber unter internem Chaos und Vertuschungen.

3-MINUTEN-LANDUNG

Mehrmals wurden in der sowjetischen Raumfahrt Fehlschläge als Erfolge ausgegeben. Ein Beispiel dafür war die Mondsonde *Luna 1*, die nicht wie eigentlich geplant auf dem Mond aufschlug, aber von den Sowjets als erste Sonde, die das Schwerefeld der Erde verließ, bejubelt und als künstlicher Planet bezeichnet wurde. *Luna 2* erfüllte die ursprüngliche Mission und *Luna 3* machte die ersten Fotos der erdabgewandten Seite des Mondes – mit Film aus einem gekaperten Spionageballon der USA.

VERWANDTE THEMEN

Siehe auch
SPUTNIK
Seite 52

DIE APOLLO-MONDLANDUNG
Seite 62

MERKUR UND VENUS
Seite 120

3-SEKUNDEN-BIOGRAFIEN

JURI GAGARIN
1934–1968
Ein russischer Testpilot und der erste Mensch, der den Weltraum erreichte – am 12. April 1961 im Rahmen der Mission *Wostok 1*. Nachdem er als Ersatzpilot für *Sojus 1* diente, wurden ihm weitere Flüge ins All versagt. Beim Absturz eines Übungsflugs verunglückte er tödlich.

WALENTINA TERESCHKOWA
geb. 1937
Eine russische Fallschirmspringerin, die an Bord von *Wostok 6* im Jahr 1963 die erste Frau im Weltraum war. Später arbeitete sie für die sowjetischen und russischen Regierungen.

Nach dem Erreichen vieler erster Meilensteine ging die Sowjetunion auf dem Wettlauf ins All direkt in Führung.

DIE ANFÄNGE DER AMERIKANISCHEN RAUMFAHRT

30-Sekunden-Orbit

Zu Beginn des Wettlaufs ins All hinkten die USA den Meilensteinen der Sowjetunion um einige Monate hinterher. Doch die Wissenschaft der Amerikaner war genauso bahnbrechend. Nach anfänglichen Rückschlägen, die in der Presse als „Kaputtnik" verhöhnt wurden, gelang den USA schließlich im Januar 1958 der Start ihres ersten Satelliten, *Explorer 1* – drei Monate nach Sputnik. Zu Beginn war das amerikanische Raumfahrtprogramm genau wie ihr sowjetisches Pendant in militärische Einheiten unterteilt, aber die schwierige Anfangsphase führte dazu, dass die USA im Juli 1958 ihre gesamte Raumfahrt einer einzelnen zivilen Behörde unterstellte: der *National Aeronautics and Space Administration*, kurz: NASA. Die ersten Jahre nach ihrer Gründung verbrachte die NASA damit, die Erfolge der Sowjets aufzuholen. Die amerikanische Antwort auf Wostok war die Mercury-Raumkapsel, mit der Alan Shepard als zweiter Mensch und erster Amerikaner einen suborbitalen Flug unternahm und später John Glenn als erster Amerikaner in die Erdumlaufbahn gelangte. Danach kamen die Gemini-Kapsel für zwei Personen und der erste amerikanische Weltraumspaziergang mit *Gemini 4*. Auch die Erkundungsroboter der NASA – etwa die *Lunar Orbiter*, die Mondsonden *Ranger* und *Surveyor* sowie die Mariner-Sonden, die erstmals Daten von der Venus und dem Mars übermittelten – trugen wesentlich zur US-Raumfahrt vor Apollo bei.

3-SEKUNDEN-START

Das gut organisierte Raumfahrtprogramm der USA war den Sowjets anfangs knapp hinterher, entwickelte sich schnell und bildete die Grundlage für den PR-Sieg, den die Mondlandung bescherte.

3-MINUTEN-LANDUNG

Fast alle Raumschiffe werden speziell für die Reise ins All konstruiert, aber es gibt eine nennenswerte Ausnahme. Das Testflugzeug *North American X-15* erreichte in den 1960er-Jahren auf mehreren Höhenflügen den Weltraum, der laut Definition der US Air Force 80 km und gemäß des internationalen Abkommens 100 km über der Erdoberfläche beginnt. Damit war der Pilot Joseph A. Walker der erste Mensch, der mehrmals ins All flog.

VERWANDTE THEMEN

Siehe auch
KATHERINE JOHNSON
Seite 46

DIE ANFÄNGE DER SOWJETISCHEN RAUMFAHRT
Seite 54

DIE APOLLO-MONDLANDUNG
Seite 62

3-SEKUNDEN-BIOGRAFIEN

JOHN GLENN
1921–2016
Ein Pilot der Mercury-Atlas-Mission *Friendship 7*, dem ersten amerikanischen Orbitalflug. Im Jahr 1974 wurde Glenn in den US-Senat gewählt. An Bord der Raumfähre *Discovery* flog er 1998 erneut ins Weltall.

ALAN SHEPARD
1923–1998
Der erste Amerikaner im All, auf dem suborbitalen Flug mit *Freedom 7*. Später landete er als Kommandant von Apollo 14 auf dem Mond, wo er einen Golfball abschlug.

Obwohl die USA anfangs im Schatten der Sowjetunion stand, leisteten ihre Astronauten, Techniker und Raumschiffe genauso Pionierarbeit.

DIE RAKETEN FÜR DEN WETTLAUF INS ALL

30-Sekunden-Orbit

Die erste suborbitale Rakete war weder amerikanisch noch sowjetisch, sondern die deutsche V-2-Rakete. Nach dem Ende des Zweiten Weltkriegs sicherten sich die USA und die UdSSR die Technologien der Nazis. Die Sowjets nahmen die V-2-Fabriken in Nordhausen ein, doch ihr technischer Leiter Wernher von Braun und ein Großteil der Angestellten ergaben sich aus Angst vor den sowjetischen Gulags den Amerikanern. Die beiden Supermächte des Kalten Kriegs bauten ihre eigenen, verbesserten Versionen der Nazi-Raketen, unter anderem die sowjetische *R-7* und die amerikanische *Redstone*. Die *R-7* war die erste Interkontinentalrakete und eine beeindruckende Trägerrakete: Bis heute wurde jeder Kosmonaut mit einer Variante der R-7-Konstruktion ins All befördert. Die *Redstone* hatte eine geringere Reichweite und Varianten dieser Rakete wurden für den leichten *Explorer 1* und den suborbitalen Flug *Freedom 7* verwendet, während die Mercury- und Gemini-Programme schon Raketen aus den leistungsfähigeren Atlas- und Titan-Familien nutzten, die auch heute noch eingesetzt werden. Als der Wettlauf zum Mond begann, bauten die USA die Rakete *Saturn V*. Die sowjetische Mondrakete *N1* konnte keinen erfolgreichen Start verzeichnen. Sie stürzte wenige Tage vor der Mondlandung der Amerikaner ab und erzeugte dabei die größte nicht nukleare Explosion, die es seit Jahrzehnten gegeben hatte.

3-SEKUNDEN-START

Die amerikanischen und sowjetischen Raketen basierten auf Technologien der Nazis und entwickelten sich während des Wettlaufs ins All bedeutend weiter.

3-MINUTEN-LANDUNG

Im Hintergrund des Konkurrenzkampfs zwischen den USA und der Sowjetunion entwickelten andere Staaten eigene Orbitalraketen, vier davon noch vor dem Ende des Apollo-Programms. Die französische Rakete *Diamant A* brachte 1965 den Satelliten *Astérix* ins All. Im Jahr 1970 folgten die japanische *Lambda-4S* und die chinesische *CZ-1* mit den Satelliten *Ohsumi* und *Dongfanghong 1*. Die britische *Black Arrow* startete 1971 in Woomera in Australien und hatte den Satelliten *Prospero* an Bord.

VERWANDTE THEMEN

Siehe auch
WARUM RAKETEN?
Seite 32

DAS SPACE SHUTTLE
Seite 66

WIEDERVERWENDBARE RAUMFAHRZEUGE
Seite 84

3-SEKUNDEN-BIOGRAFIE

JAMES E. WEBB
1906–1992

Der Leiter der NASA zur Zeit der Mercury- und Gemini-Programme. Als Vorbereitung auf Apollo setzte er sich für bemannte und unbemannte Missionen ein.

Alle Trägerraketen, die auf dem Wettlauf ins All zum Einsatz kamen, hatten ihren Ursprung in der deutschen V-2.

SATURN V

30-Sekunden-Orbit

Die *Saturn V* war 3000 Tonnen schwer und länger als ein Fußballfeld. Sie war die leistungsstärkste Rakete, die bis dahin konstruiert worden war. Ihre drei Stufen wurden in den USA gebaut und im Vehicle Assembly Building des Kennedy Space Center zusammengesetzt. Dieses Montagegebäude ist mit gut 160 Metern das höchste einstöckige Gebäude der Welt. Zur Startrampe gebracht wurde die Rakete von einem der Crawler-Transporter, den größten selbstfahrenden Landfahrzeugen der Welt. Während des Aufstiegs verbrauchten die drei Stufen der Rakete ihren Treibstoff und fielen ab. Der leichtere Rest flog weiter. Die erste Stufe war die von Boeing gebaute S-IC. Sie verfügte über fünf F-1-Triebwerke, die bis dahin größten, die jemals eingesetzt wurden. Diese Triebwerke verbrannten in weniger als drei Minuten 2000 Tonnen Kerosin und flüssigen Sauerstoff, bevor sie abgeworfen wurden und in den Atlantik fielen. Sie schoben *Saturn V* durch die neblige Troposphäre. Die zweite Stufe, die S-II, transportierte die Rakete fast bis in ihre Umlaufbahn. Die dritte und letzte Stufe, S-IV, brachte Apollo zum Mond. Insgesamt wurden 16 komplette Saturn-V-Raketen gebaut: eine für Testflüge, zwölf für die Apollo-Missionen und drei für die abgesagten Apollo-Flüge 18–20, von denen eine für das Projekt Skylab, die erste amerikanische Raumstation, verwendet wurde.

3-SEKUNDEN-START

Die *Saturn V*, die größte Rakete der Geschichte, brachte Apollo auf den Mond und verkörperte auf dem Wettlauf ins All den Gipfel der Raketentechnik.

3-MINUTEN-LANDUNG

Zur Saturn-Raketenfamilie gehörten auch die kleinere *Saturn IB*, die für den Test der Apollo-Technik gebaut wurde. Der ursprüngliche Plan der NASA sah den Bau der noch größeren *Saturn C-8* vor, die direkt zum Mond und zurück zur Erde hätte fliegen sollen, ohne eine separate Mondlandefähre zu besitzen. Man verwarf die Idee jedoch zugunsten eines Mondumlaufbahn-Rendezvous, sodass das Apollo-Raumschiff von einer einzelnen *Saturn V* ins All gebracht werden konnte.

VERWANDTE THEMEN

Siehe auch
RAKETENKONSTRUKTION
Seite 40

LOHNT SICH DIE RAUMFAHRT?
Seite 90

RAUMSTATIONEN
Seite 110

3-SEKUNDEN-BIOGRAFIEN

GUS GRISSOM, ED WHITE UND ROGER B. CHAFFEE

1926–1967, 1930–1967 und 1935–1967

Die Besatzung von *Apollo 1*, der geplante erste bemannte Start einer Saturn-Rakete. Bei einer Übung brach ein Feuer in der Kapsel aus und alle drei Astronauten kamen ums Leben. Nach dem Unfall sah sich die NASA gezwungen, einige Änderungen am Apollo-Projekt durchzuführen.

Die mächtige* Saturn V *stellte zahlreiche Rekorde auf, die zum Teil noch heute gültig sind.

9250
10,500
9250
8000
9250
10,500
11,750
10,500
10,500

DIE APOLLO-MONDLANDUNG

30-Sekunden-Orbit

Apollo war ein kühnes Vorhaben. Auf insgesamt neun Missionen flogen 24 Amerikaner zum Mond, zwölf davon in Landern, die sie bis auf die Mondoberfläche brachten (auf sechs der Missionen). Das Programm begann im Jahr 1961, aber nachdem 1967 die Crew von *Apollo 1* auf der Startrampe tödlich verunglückte, wurde es fast abgebrochen. Die Ergebnisse der anschließenden Untersuchungen und Sicherheitsvorkehrungen beeinflussen heute noch die Missionen der NASA. Das Programm wurde schließlich fortgeführt und *Apollo 7* brachte die ersten Menschen über die Erdatmosphäre hinaus. *Apollo 8* war der erste Flug zum Mond. Dabei kam die Trägerrakete *Saturn V* zum Einsatz, aber noch landete niemand auf dem Mond. Das gelang erst der Besatzung von *Apollo 11*, kommentiert von Neil Armstrong mit dem berühmten Ausspruch: „Ein kleiner Schritt für den Menschen, aber ein großer Sprung für die Menschheit." Auf die erste Mondlandung folgten noch sechs weitere Missionen, bei denen die Mondoberfläche länger und genauer erforscht und erkundet wurde. Die Mission *Apollo 13* musste nach einigen Schwierigkeiten abgebrochen werden, um ein zweites Unglück zu verhindern. Die Astronauten kehrten sicher zur Erde zurück. *Apollo 17* verließ am 14. Dezember 1972 den Mond – und war bis heute das letzte Mal, dass ein Mensch diesen Himmelskörper besuchte.

3-SEKUNDEN-START

Die Apollo-Missionen in den 1960er- und 1970er-Jahren waren die ersten und bis heute einzigen Besuche des Menschen auf den Mond.

3-MINUTEN-LANDUNG

Von den 1950er- bis 1970er-Jahren hielt der Wettlauf ins All die Bevölkerung in Atem. Im Konkurrenzkampf zwischen den USA und der UdSSR beim Erreichen von Meilensteinen der Raumfahrt führten anfangs die Sowjets. Das ultimative Ziel erreichte jedoch die USA zuerst: Die erfolgreiche Landung von *Apollo 11* auf dem Mond, am 20. Juli 1969. Die Geschichte, Wissenschaft und Ingenieurskunst der Apollo-Missionen gelten noch immer als Höhepunkt des menschlichen Fortschritts.

VERWANDTE THEMEN

Siehe auch
IN DEN ORBIT
Seite 34

DIE ANFÄNGE DER SOWJETISCHEN RAUMFAHRT
Seite 54

SATURN V
Seite 60

3-SEKUNDEN-BIOGRAFIEN

NEIL ARMSTRONG, EDWIN „BUZZ" ALDRIN UND MICHAEL COLLINS

1930–2012, geb. 1930 und 1930–2021

Die Besatzung von *Apollo 11*, der ersten Weltraummission, bei der Menschen auf dem Mond landeten. Armstrong und Aldrin betraten die Mondoberfläche, während Collins im Orbiter blieb.

John F. Kennedys Rede im Jahr 1962 beflügelte die USA in ihrem Wunsch, menschliche Fußspuren auf dem Mond zu hinterlassen.

DAS APOLLO-SOJUS-PROJEKT

30-Sekunden-Orbit

In den 1970er-Jahren veränderte sich der geopolitische Hintergrund der Raumfahrt. Die Fehlschläge der N1-Raketen bedeuteten das Ende des sowjetischen Mondprogramms und auch die USA konnten die Kosten für weitere Apollo-Missionen kaum noch rechtfertigen. So wurden Apollo 18, 19 und 20 gestrichen und die NASA blieb auf ihren Raketen sitzen. Die Sowjets konzentrierten sich zu jener Zeit auf ihre Saljut-Raumstationen und den Bau wissenschaftlicher und militärischer Außenposten für die erdnahe Umlaufbahn. Das Ende des Vietnamkriegs führte zu einer Pause im Kalten Krieg und die beiden Supermächte waren bereit für einen gemeinsamen Flug ins All als Symbol des Friedens und des Triumphs der Wissenschaft über die Politik. Am 15. Juli 1975 – sechs Jahre nach *Apollo 11* – startete *Sojus 19* von der Rampe „Gagarins Start" im Kosmodrom Baikonur. Wenige Stunden später erhob sich am Startplatz 39B im Kennedy Space Center ein Apollo-Raumschiff in die Luft. Am 17. Juli kam es zur Ankopplung der beiden Raumfahrzeuge mithilfe eines speziellen Docking-systems und die beiden Kommandanten – Alexei Leonow in Sojus und Thomas Stafford in Apollo – schüttelten sich die Hände als Geste, die das Ende des Wettlaufs ins All symbolisierte.

3-SEKUNDEN-START

Das Apollo-Sojus-Testprojekt markierte das feierliche Ende des Wettlaufs ins All und war der Wegbereiter für eine zukünftige internationale Zusammenarbeit in der Raumfahrt.

3-MINUTEN-LANDUNG

Das Apollo-Sojus-Projekt war mehr eine politische als eine technische Herausforderung, doch die Zusammenarbeit jener Zeit führte zu großen Fortschritten in der Raumfahrt. Die Technologie und die Erfahrungswerte von Apollo-Sojus legten den Grundstein zum Shuttle-Mir-Programm der 1990er-Jahre: Das Space Shuttle der NASA besuchte die Raumstation Mir, die nach dem Zerfall der Sowjetunion zu Russland gehörte. Die Erkenntnisse über das Weltraumhabitat und die multinationale Raumfahrt brachten einige Jahre später die Internationale Raumstation hervor.

VERWANDTE THEMEN

Siehe auch
SPUTNIK
Seite 52

SATELLITENSYSTEME
Seite 88

RAUMSTATIONEN
Seite 110

3-SEKUNDEN-BIOGRAFIEN

ALEXEI LEONOW
1934–2019
Der erste Mensch, der einen Weltraumspaziergang unternahm. Der Kommandant der sowjetischen Hälfte von Apollo-Sojus hätte auch der erste Kosmonaut auf dem Mond sein sollen, aber das Projekt *N1* wurde abgesagt.

THOMAS STAFFORD
geb. 1930
Der Kommandant der amerikanischen Hälfte von Apollo-Sojus, erfahrener Astronaut des Gemini-Programms und Kommandant der „Generalprobe" für die Mondlandung.

Die Apollo-Sojus-Mission war der erste Schritt zur zukünftigen internationalen Zusammenarbeit in der Raumfahrt.

NASA
SLAYTON
CCCP

DAS SPACE SHUTTLE

30-Sekunden-Orbit

Das Space Shuttle der NASA hat einen festen Platz in den Annalen der Raumfahrt und das nicht nur für 30 Jahre Dienste als Hauptschiff der bemannten Programme der USA, sondern auch, weil es die erste (zum Teil) wiederverwendbare Raumfähre war. Das Space Shuttle bestand aus drei Hauptkomponenten: dem Orbiter, den Feststoffraketen (Solid Rocket Boosters, SRBs) und dem charakteristischen orangen Außentank. Das Shuttle startete senkrecht, wie eine Rakete, und die beiden SRBs wurden in der oberen Erdatmosphäre abgeworfen und nach ihrer Landung geborgen. Der Orbiter transportierte die Besatzung und die Nutzlast ins All und landete schließlich wieder auf der Erde – als der schwerste Gleitflieger der Welt. Der Außentank, der nur einmal verwendet wurde, enthielt flüssigen Wasserstoff und flüssigen Sauerstoff, um die Haupttriebwerke während des Starts zu versorgen. Insgesamt wurden sechs Shuttles gebaut, vier davon befinden sich heute in Museen (*Atlantis*, *Discovery*, *Endeavour* und der nicht raumflugfähige Prototyp *Enterprise*). Generell galten die Shuttles als äußerst sicher, aber zwei Raumfähren ereilte ein trauriges Schicksal: Am 28. Januar 1986 explodierte die *Challenger* Sekunden nach dem Start und am 1. Februar 2003 zerbrach die *Columbia* beim Wiedereintritt in die Atmosphäre. Das Shuttle-Programm wurde 2011 eingestellt. Die letzte der 135 Missionen (*Atlantis*) brachte Teile zur Internationalen Raumstation und endete am 21. Juli.

3-SEKUNDEN-START

Dreißig Jahre lang war das Space Shuttle die Raumfähre der NASA und brachte 306 Männer und 49 Frauen aus insgesamt 16 Ländern in den Weltraum.

3-MINUTEN-LANDUNG

Die größten Gefahren jedes Raumflugs lauern beim Start und beim Wiedereintritt. Die Doppelfunktion des Shuttles als Rakete und Gleiter erhöhte dieses Risiko. Beim Start feuerten die SRBs zwei Minuten und die Haupttriebwerke acht Minuten lang. Beim Wiedereintritt und zum Landen musste der Orbiter in den richtigen Winkel gebracht werden, um die für das Absenken benötigte Reibung zu erzeugen, sodass er im Gleitflug sicher landen konnte.

VERWANDTE THEMEN

Siehe auch
DIE RAKETEN FÜR DEN WETTLAUF INS ALL
Seite 58

SALLY RIDE
Seite 68

WIEDERVERWENDBARE RAUMFAHRZEUGE
Seite 84

KALPANA CHALWA
Seite 92

3-SEKUNDEN-BIOGRAFIEN

JOHN YOUNG
1930–2018
Der erste Kommandant eines Space Shuttles und der einzige Astronaut, der vier verschiedene Raumfahrzeuge steuerte (*Gemini*, den Lander und den Orbiter der Apollo-Missionen sowie das Shuttle).

ROBERT CRIPPEN
geb. 1937
Der Pilot auf dem ersten Flug des Space Shuttles, der die Raumfähre vier weitere Male als Kommandant steuerte.

Das Space Shuttle, das wie eine Rakete startete und im Gleitflug landete, war ein markantes Symbol des amerikanischen Fortschritts der 1980er-Jahre.

USA

26. Mai 1951
Geboren in Los Angeles.

1973
Abschluss ihres Studiums der Anglistik und der Physik an der Stanford University.

1975
Master in Physik.

1978
Promoviert in Physik und wird von der NASA in die erste Astronautengruppe, die auch Frauen zulässt, aufgenommen.

1982
Heiratet den Astronauten Steve Hawley (Scheidung im Jahr 1987).

1983
Die erste amerikanische Frau (und dritte Frau weltweit) im All und der jüngste US-Astronaut (Mission *STS-7*).

1984
Zweiter Flug ins All (*STS-41G*).

1985
Beginnt eine Beziehung mit Tam O'Shaughnessey. Die beiden bleiben bis zu Rides Tod zusammen, was aber erst in der Todesanzeige bekannt gegeben wurde. Damit gilt Ride als erste homosexuelle Astronautin.

1987
Verlässt die NASA.

1989
Erhält eine Professur für Physik an der University of California in San Diego.

2003
Wird in die *Astronaut Hall of Fame* aufgenommen.

23. Juli 2012
Stirbt an Bauchspeicheldrüsenkrebs.

2013
Bekommt posthum die *Presidential Medal of Freedom* verliehen.

SALLY RIDE

Sally Ride war die erste Frau aus den USA, die ins All flog. Bis heute ist sie der jüngste Astronaut im Weltraum: Bei ihrer ersten Mission im Jahr 1983 war sie 32 Jahre alt.

Ride wuchs in Los Angeles auf und zeigte schon in der Schule ein Interesse an der Wissenschaft. Darüber hinaus war sie erfolgreich im Jugendtennis und überlegte sogar, in den Profisport zu wechseln. Aber die Wissenschaft siegte und Ride studierte Englisch und Physik an der Stanford University, wo sie 1973 ihren Abschluss machte. Sie machte dort auch ihren Master und erforschte im Rahmen ihres Doktorstudiums die Astrophysik des interstellaren Mediums und die Physik Freier-Elektronen-Laser.

Im Jahr ihrer Promotion (1978) bewarb sich Ride bei der NASA um einen Platz in der achten Astronautengruppe. Aus Tausenden Anwärtern schaffte sie es in die finale Auswahl von 35. In der Gruppe befanden sich sechs weiße Frauen, drei afroamerikanische Männer und ein asiatisch-amerikanischer Mann – die ersten Astronauten der NASA, die nicht männliche Weiße waren.

Rides erster Flug in den Weltraum geschah an Bord der Raumfähre *Challenger*. Auf der sechs Tage dauernden Mission verwendete man erstmals erfolgreich den Roboterarm des Shuttles, um einen Satelliten auszusetzen und einzuholen. Ihr Einsatz als erste Astronautin der NASA erweckte die Neugier der Medien, die Ride unter anderem fragten, ob der Flug ihrer Fruchtbarkeit schaden würde oder welches Make-up sie mit ins All zu gedenken nahm.

Ride war noch auf einer weiteren Mission der *Challenger* dabei und befand sich mitten in den Vorbereitungen auf eine dritte, als die Raumfähre bei einem Start explodierte. Sie wurde in die Untersuchungskommission des Unglücks berufen. Nach kurzer Tätigkeit im NASA-Hauptquartier verließ sie die NASA im Jahr 1987, um als Professorin für Physik an der University of California in San Diego zu arbeiten. Nach dem Absturz der Raumfähre *Columbia* im Jahr 2003 wurde sie erneut zur Untersuchung der zweiten großen Shuttle-Tragödie herangezogen.

In den späteren Jahren ihrer Physik-Professur war es ihr ein großes Anliegen, das naturwissenschaftliche Interesse von Mädchen und jungen Frauen zu fördern.

DIE RAUMFAHRT HEUTE

DIE RAUMFAHRT HEUTE
GLOSSAR

Aerogele („fester Rauch"). Thermisch isolierende Materialien mit extrem geringer Dichte.

Apollo Guidance Computer Ein Computer, der erstmals 1966 bei den Apollo-Missionen eingesetzt wurde. Jeder war 32 kg schwer und verfügte über ein Millionstel der Speicherkapazität, die ein modernes Smartphone besitzt.

Carbidkeramik Keramische Werkstoffe aus Kohlenstoff-Metall-Verbindungen, die äußerst stark und temperaturbeständig sind.

Challenger Eine der fünf Space-Shuttle-Orbiter der NASA. Die Raumfähre absolvierte neun erfolgreiche Missionen, bevor sie 1986 beim Start explodierte. Alle sieben Besatzungsmitglieder kamen bei dem Unglück ums Leben.

Challenger-Untersuchung Die sogenannte Rogers-Kommission untersuchte das Challenger-Unglück von 1986. Sie machte einen spröden O-Ring (siehe unten) für die Explosion verantwortlich und warf der NASA Versagen hinsichtlich der Sicherheitsvorkehrungen vor.

Core Rope Memory (Fädelspeicher) Eine frühe Form des Computerspeichers, der aus Drähten und Magnetkernen bestand und ein reiner ROM-Speicher war (Read Only Memory – „Nur-Lesespeicher") (siehe rechts).

Dragon Das erste wiederverwendbare Raumschiff eines privaten Unternehmens, SpaceX (siehe unten), das im Dezember 2010 erst eine Nutzlast und im Mai 2020 Menschen ins All beförderte. Von *Dragon* gibt es verschiedene Versionen.

Fissionsreaktor Eine Anlage, die aus der Wärme von Kernspaltungsreaktionen elektrische Energie gewinnt.

GRAIL-Mission Eine NASA-Mission aus dem Jahr 2011, bei der zwei Satelliten das Schwerefeld des Mondes vermaßen.

Internationale Raumstation (International Space Station, ISS) Eine modulare Raumstation. Die ersten Teile befinden sich seit 1998 in der Erdumlaufbahn. Auf der ISS können bis zu sechs Astronauten leben und arbeiten. Seit November 2000 ist sie durchgehend mit Menschen besetzt.

ISS-Roboterarme Aktuell nutzt die ISS drei Roboterarme. Der erste war „Canadarm2", der von der kanadischen Weltraumbehörde CSA konstruiert wurde und beim Bau der ISS half.

Lebenserhaltungssystem Eine künstlich geschaffene Umgebung, die den Menschen ein Leben im Weltraum ermöglicht.

Legierung Ein Stoffgemisch, das aus zwei oder mehreren Metallen besteht (z. B. Edelstahl).

Manned Maneuvering Unit (MMU) Ein Düsenrucksack, der 1984 bei drei Außenbordeinsätzen der NASA verwendet wurde.

Mikrometeor Ein Teilchen (bis zu 2 mm groß), das in die Erdatmosphäre eintritt und verglüht. Landet es auf der Erde, ist es ein „Mikrometeorit". Solange es sich im Weltraum befindet, nennt man es „Mikrometeoroid".

O-Ring Ein ringförmiges Dichtungselement. (*Siehe auch* Challenger-Untersuchung.)

Polymere Arten von Kunststoffen und synthetischen Harzen, deren Eigenschaften sie für den Einsatz im All nützlich machen.

Prozessor (Central Processing Unit, CPU). Das elektronische Rechenwerk in einem Computer, das Algorithmen ausführt.

RAM-Speicher (Random Access Memory). Ein Computerspeicher mit wahlfreiem, also direktem Zugriff.

ROM-Speicher (Read Only Memory). Ein festverdrahteter Computerspeicher, auf den nur lesend, nicht schreibend zugegriffen werden kann.

Shenzhou Ein Raumschiff der chinesischen Weltraumbehörde, das Taikonauten (chinesische Astronauten) ins All befördert.

Software-Entwicklung Das Erstellen von Computerprogrammen auf der Basis von technischen Prinzipien.

Sojus Eine Reihe von Raumschiffen und/oder Raketen der russischen Weltraumbehörde Roskosmos. Sojus-Raketen sind seit den 1960er-Jahren im Einsatz und dienen unter anderem als Träger für bemannte Raumschiffe und als Frachter, die Nutzlast zur ISS bringen.

SpaceX (Space Exploration Technologies Corporation). Ein US-amerikanisches Raumfahrtunternehmen, das im Jahr 2002 gegründet wurde und einige Meilensteine in der Geschichte der privaten Raumfahrt setzte, unter anderem die erste erfolgreiche bemannte Mission im Mai 2020. (*Siehe auch* Dragon.)

thermischer Radioisotopengenerator (RTG). Diese Art von Batterie erzeugt Energie aus der Wärme, die bei einer Kernspaltung entsteht. Sie braucht dazu keine beweglichen Teile.

Voyager 2 Eine NASA-Raumsonde, die 1977 gestartet wurde, um die äußeren Planeten zu erforschen. Sie ist das bisher einzige Raumschiff, das an Neptun und Uranus vorbeiflog. Heute ist sie das am zweitweitesten von der Erde entfernte Objekt (nach *Voyager 1*).

METALLE UND MATERIALIEN DER RAUMFAHRT

30-Sekunden-Orbit

Die Materialwissenschaft hat sich seit den Bambusraketen im China des Mittelalters enorm weiterentwickelt. Heutige Raumschiffe bestehen aus Legierungen und Kunststoffen für ganz spezifische Zwecke, denn kein einzelnes Material könnte den Herausforderungen des Weltraums standhalten: den Erschütterungen und Kräften eines Raketenstarts, den extremen Temperaturen des Weltraums, dem Einfluss des Vakuums und den Kollisionen mit Teilchen, die zehnmal schneller durchs All flitzen als eine Pistolenkugel. Die Strukturen der Raumfahrzeuge, die dem Druck beim Start widerstehen müssen, sind noch stabiler als die Aluminium- und Titanlegierungen, aus denen Flugzeuge gebaut werden. Oft kommen Leichtmetalle wie Magnesium oder Bor zum Einsatz, um das Gewicht gering zu halten. Kohlenstofffasern sind extrem reißfest und dienen als Verstärkung von Verbundmaterialien für Hochdrucktanks und Tragflächen, also jene Stellen, an denen die einwirkenden Kräfte Teile des Raumschiffs abreißen könnten. Materialien wie Kevlar, aus dem auch kugelsichere Westen gemacht werden, schirmen das Gefährt gegen den ständigen Aufprall von Mikrometeoren ab. Memory-Schaum wurde von der NASA als Polstermaterial für die Sitze der Astronauten und Testpiloten erfunden und findet sich heute in Matratzen, Kopfkissen und Autositzen. High-Tech-Materialien wie Aerogele, Carbidkeramik und innovative Polymere sind unverzichtbare Bestandteile der modernen Raumfahrt.

3-SEKUNDEN-START

Die Extrembedingungen der Raumfahrt verlangen den Einsatz einiger der fortschrittlichsten Materialien, die es gibt.

3-MINUTEN-LANDUNG

Raumfahrtingenieure nutzen auf der Suche nach der perfekten Raumschiffkonstruktion auch einfachste Materialien. In den 1970er-Jahren verwendeten die Chinesen für Beobachtungssatelliten Hitzeschilde aus Holz. Die harzgetränkten Eichenschilde bildeten eine dünne, isolierende Kohleschicht, die abgesprengt und durch das verkohlende Holz darunter ersetzt wurde. Nach demselben Prinzip, aber mit anderen Materialien, funktionieren alle ablativen Hitzeschilde in der Geschichte der Raumfahrt.

VERWANDTE THEMEN

Siehe auch
RAKETENKONSTRUKTION
Seite 40

SATURN V
Seite 60

SCHUTZMASSNAHMEN IM WELTRAUM
Seite 104

3-SEKUNDEN-BIOGRAFIE

RICHARD FEYNMAN
1918–1988
Ein amerikanischer Physiker und Mitglied der Challenger-Untersuchungskommission, wo er die Brüchigkeit des Gummi-Dichtungsrings der Raumfähre öffentlich vorführte, indem er ihn in Eiswasser tauchte und gefrieren ließ.

Um ein flugtaugliches Raumfahrzeug zu konstruieren, werden viele hochmoderne Materialien benötigt.

STARTPLÄTZE FÜR RAKETEN

30-Sekunden-Orbit

Auf einem Raketenstartplatz soll in der Regel mildes Wetter herrschen, denn ein Start bei Gewitter oder Frost wäre gefährlich. Damit Raketen oder verbrauchte Stufen nicht auf Menschen stürzen, sollten sie vorwiegend über das Meer oder dünn besiedelte Gebiete fliegen. Viele Satelliten sind für den Einsatz über dem Äquator gedacht und ein Start der Trägerraketen in niedrigen Breiten spart Treibstoff auf dem Weg in die Umlaufbahn. Die Erde dreht sich am Äquator mit einer Geschwindigkeit von 1600 km/h von Westen nach Osten. Eine Rakete, die nach Osten hin abgeschossen wird, nimmt also den Schwung der Erdrotation mit. Darum werden viele Weltraumbahnhöfe in den Tropen und mit dem Meer im Osten errichtet – etwa in Florida in den USA, Tanegashima in Japan, Hainan in China, Sriharikota in Indien und Französisch-Guayana für die Europäische Weltraumorganisation. In Russland (und der ehemaligen UdSSR) gibt es kein tropisches Gebiet, darum ist die Umlaufbahn der Internationalen Raumstation so ausgerichtet, dass sie aus dem kasachischen Baikonur leichter erreichbar ist. Auch Politik spielt bei der Wahl des Startplatzes eine Rolle – etwa werden Ingenieure an den Wohnorten wichtiger Politiker gefördert oder Raketen so gelenkt, dass sie nicht über das Hoheitsgebiet verfeindeter Nationen fliegen. Kleinere Raketen können sogar von Flugzeugen oder Schiffen gestartet werden, also von allen möglichen Orten auf der Welt.

3-SEKUNDEN-START

Bei der Startplatzwahl für Raketen werden Faktoren wie Wetter, Gelände und Politik berücksichtigt, damit der Flug ins All möglichst reibungslos verläuft.

3-MINUTEN-LANDUNG

Wo landen die Raketen wieder? Kapseln wie *Apollo* oder *Dragon* machen eine Wasserung auf dem Meer, während *Sojus* und *Shenzhou* in der Wüste niedergehen. Raumfähren wie das Space Shuttle nutzen eigene Landepisten. Für Notlandungen sind ausgewählte Flughäfen auf der ganzen Welt vorgesehen. Die Booster der *Falcon* von SpaceX landen auch auf ferngesteuerten Schiffen. Filmbehälter aus Satelliten wurden schon im Fall von Flugzeugen abgefangen. Teile der Electron- und der geplanten Vulcan-Raketen sollen mithilfe dieser Methoden für die Wiederverwertung geborgen werden.

VERWANDTE THEMEN

Siehe auch
VISIONEN DER RAUMFAHRT
Seite 22

WARUM RAKETEN?
Seite 32

3-SEKUNDEN-BIOGRAFIE

SATISH DHAWAN
1920–2002
Ehemaliger Vorsitzender der indischen Raumfahrtbehörde und Namensgeber des größten Weltraumbahnhofs in Indien. Er leitete 1975 den Start des ersten indischen Satelliten und 1980 den Bau der ersten indischen Trägerrakete.

Der berühmte Weltraumbahnhof in Cape Canaveral in den USA erfüllt mehrere wichtige Bedingungen, um als Startplatz für Raumfahrzeuge zu dienen.

COUNTDOWN UND START

30-Sekunden-Orbit

Ein Raketenstart ist ein enormes Unternehmen mit einem straffen Zeitplan. Da sich die Planeten ständig bewegen, können Raumfahrzeuge, die für bestimmte Umlaufbahnen oder Flüge vorgesehen sind, nur dann starten, wenn sich die Erde in der richtigen Position befindet – andernfalls wird kostbarer Treibstoff verschwendet. Durch schlechtes Wetter, technische Defekte oder sogar ein Boot, das sich in der Nähe der Rampe befindet, kann sich ein Start verzögern. Die meisten interplanetaren Missionen werden mit einem gewissen Spielraum angelegt, sodass das Zeitfenster für einen möglichen Start einige Tage oder Wochen lang sein kann. Für gewöhnlich werden die Raketenstufen und die Nutzlast auf dem Startplatz zusammengesetzt. Ein paar Tage vor dem geplanten Einsatz werden dort auch die Treibstofftanks und Triebwerke der Rakete getestet. Die Startplätze sind hochkomplexe Anlagen. Sie tragen nicht nur das Gewicht eines Raumfahrzeugs, sie betanken die Raketen vor dem Abflug, lenken die Abgase durch feuerfeste Kanäle und dämpfen den Lärm der Triebwerke durch Wasserfontänen. Servicetürme fixieren die Raketen, versorgen sie bis zum Start mit Treibstoff und Strom und ermöglichen den Zugang zur Crew-Kapsel an der Spitze. In den letzten Stunden und Minuten sprechen sich die Kontrollteams für die verschiedenen Systeme der Rakete ab. Erst, wenn alles geprüft und für tauglich befunden wurde, geben sie grünes Licht für den Start.

3-SEKUNDEN-START

Da die Planeten aufgrund ihrer Bewegungen nicht immer gut erreichbar sind, muss ein Raketenstart langfristig geplant und vorbereitet werden.

3-MINUTEN-LANDUNG

Die Startperiode sind die Tage, an denen der Start einer Mission möglich ist; das Startfenster der Zeitraum an einem bestimmten Tag. Beide unterliegen Einschränkungen. Gute Startperioden für einen Flug zum Mars gibt es etwa nur alle zwei Jahre für ein paar Monate. Die GRAIL-Mission, die das Schwerefeld des Mondes untersuchte, nahm einen äußerst treibstoffsparenden, aber umständlichen Weg. Dabei war der Spielraum so gering, dass das Startfenster nur zweimal am Tag für je eine Sekunde offen war.

VERWANDTE THEMEN

Siehe auch
NEUE DESTINATIONEN
Seite 18

RAUMFLUGMECHANIK
Seite 36

DIE WAHL DER ZIELE
Seite 118

3-SEKUNDEN-BIOGRAFIE

GARY ARNOLD FLANDRO
geb. 1934

Ein amerikanischer Astrophysiker, der eine Planetenposition für eine günstige Flugbahn entdeckte. Auf diese Weise konnte *Voyager 2* auf nur einer Mission Jupiter, Saturn, Uranus und Venus anfliegen. Allerdings kommt diese Konstellation nur alle 175 Jahre vor.

In den Kontrollzentren werden die Starts sorgfältig geplant, um die optimalsten Flugbahnen zu nutzen.

USAF
ULA
ЧАСЫ
МИН
СЕК
S-II RETROS (4)
MAIN
TUNNEL
28°20'
45°
III
IV
POS I
+Z

DIE COMPUTER FÜR DIE RAUMFAHRT

30-Sekunden-Orbit

Seit dem Wettlauf ins All nutzt die Raumfahrt die rechenstärksten Computer, die es gibt. Dementsprechend schwer waren sie auch: Die beiden Guidance-Computer, die sich im Lander und im Kommandomodul von Apollo befanden, wogen jeweils 32 kg und hatten etwa die Größe einer Mikrowelle. Die Taktfrequenz ihrer Prozessoren betrug 2,048 MHz und der RAM-Speicher über eine Kapazität von 2048 Datenwörtern (das sind 0,000004 Gigabyte). Das *Core Rope Memory* (aus Tausenden Kupferdrähten, die durch magnetische Ringe gefädelt sind) stellte fast 0,00008 Gigabyte ROM-Speicher zur Verfügung. Heute hat schon ein Mobiltelefon der mittleren Preisklasse eine tausendmal schnellere CPU und einen millionenfach schnelleren Arbeitsspeicher als das Gerät, das die bemannten Mondmissionen koordinierte. Die moderne Raumfahrt macht sich heute die um ein Vielfaches größere Rechenleistung zunutze, um Prozesse auszuführen und Systeme zu steuern, die in der Apollo-Ära noch unvorstellbar gewesen wären. An Bord der Internationalen Raumstation befinden sich etwa sechs Kommando- und Kontrollcomputer, damit man bei technischem Versagen abgesichert ist. Dutzende kleinere Rechner versorgen individuelle Systeme, etwa den Roboterarm und die Außenkameras der Station. Auch für Textverarbeitung, E-Mail, Videokonferenzen und Social Media gibt es Computer, darunter über ein Dutzend Laptops.

3-SEKUNDEN-START

Die Weltraumforschung verbesserte die Computer und die wiederum machten die moderne Raumfahrt und das Leben im All möglich.

3-MINUTEN-LANDUNG

Viele der Innovationen im Hardware- und Softwarebereich, die den Computer zu einem Alltagsgegenstand machten, haben ihren Ursprung in der Raumfahrt. Der *Apollo Guidance Computer* (AGC) war der erste Computer, der integrierte Siliziumschaltkreise enthielt. Rund zehn Jahre nach der Mondlandung produzierten Unternehmen wie Radio Shack und Apple die ersten Heimcomputer, deren Kapazität mit jener des AGC vergleichbar war.

VERWANDTE THEMEN

Siehe auch
ASTRONAUTISCHE BERECHNUNGEN
Seite 44

DIE APOLLO-MONDLANDUNG
Seite 62

STROMVERSORGUNG IM WELTRAUM
Seite 82

3-SEKUNDEN-BIOGRAFIE

MARGARET HAMILTON
geb. 1936
Eine amerikanische Informatikerin und Leiterin der Softwareabteilung für die Apollo-Missionen. Sie trug maßgeblich zum Entstehen des Konzepts der Softwareentwicklung bei.

Margaret Hamilton arbeitete an den ersten Softwareentwicklungssystemen, die heute von jedem Astronauten verwendet werden.

A-17
PDI THRU TD +3 MIN
RECYCLE PARKER VALVES
Double

STROMVERSORGUNG IM WELTRAUM

30-Sekunden-Orbit

Die ersten Satelliten, auch *Sputnik* und *Explorer*, hatten keine Energie mehr, sobald ihre Batterien leer waren. Erst *Vanguard 1*, der vierte Satellit im All, verwendete Solarzellen, um einen Funksender mit Strom zu versorgen. So konnte er sechs Jahre lang im All bleiben, während *Sputnik* nur 21 Tage lang von Nutzen war. Der wolkenlose Himmel über der Erde ist die perfekte Umgebung für Solarenergie, die heute als Stromquelle für die meisten Satelliten dient – und auch für die Internationale Raumstation. Der Nachteil daran sind die großen Solarzellen, die das Raumfahrzeug beschweren und viel Hitze absorbieren. Eine kompaktere Lösung für eine kurzzeitige Energieversorgung sind Brennstoffzellen, die Elektrizität aus Wasserstoff und Sauerstoff erzeugen. Auf bemannten Raumschiffen, wie etwa *Apollo* und dem Space Shuttle, hat diese Methode den zusätzlichen Nutzen, dass dabei als Nebenprodukt trinkbares Wasser für die Astronauten entsteht. Eine weitere Möglichkeit ist Kernenergie, die entweder in einem Reaktor oder in einem thermischen Radioisotopengenerator (RTG) erzeugt wird. Letzterer ist viel kleiner und sicherer und erzeugt Energie aus der Wärme, die beim Zerfall eines instabilen Elements, etwa Plutonium-238, freigesetzt wird. RTGs werden auf Missionen ins äußere Sonnensystem genutzt, da dort das Licht zu schwach für leichte Solarzellen ist. Der Mars-Rover *Curiosity* und alle Sonden, die weiter als bis zum Jupiter flogen, betrieben ihre Systeme durch RTGs, oft jahrzehntelang.

3-SEKUNDEN-START

Die meisten Flugkörper im All beziehen Strom aus Solarzellen, aber auch Kernenergie und Brennstoffzellen werden für spezielle Zwecke genutzt.

3-MINUTEN-LANDUNG

Systeme, die für die Energieversorgung im All konzipiert wurden, werden mittlerweile auch auf der Erde verwendet. Die von der NASA entwickelten monokristallinen Solarzellen sind effizienter als ihre Vorgänger. Brennstoffzellen werden als Energiespeicher genutzt, unter anderem in emissionsfreien Fahrzeugen, die sich in der Zukunft vielleicht einmal in jedem Auto befinden werden. RTGs versorgen entlegene Leuchttürme und Wetterstationen an den Polen, wo oft wochenlang die Sonne nicht aufgeht.

VERWANDTE THEMEN

Siehe auch
RAKETENTRIEBWERKE
Seite 38

DIE WAHL DER ZIELE
Seite 118

NEUE TREIBSTOFFE
Seite 144

3-SEKUNDEN-BIOGRAFIEN

JOHN BIRDEN UND KENNETH JORDAN
1918–2011 und 1921–2008
Amerikanische Wissenschaftler, die im Jahr 1954 den thermischen Radioisotopengenerator erfanden.

Die meisten Raumschiffe beziehen Energie aus der Sonne, die im wolkenlosen Vakuum des Alls immer scheint.

WIEDERVERWENDBARE RAUMFAHRZEUGE

30-Sekunden-Orbit

Ein Flugzeug nur einmal zu nutzen wäre unvorstellbar. Dennoch war das in den frühen Jahrzehnten der Raumfahrt gang und gäbe. Die ersten Trägerraketen entstanden nach dem Vorbild von Raketenwaffen, die ebenfalls nur für den einmaligen Gebrauch bestimmt waren. Das Konkurrenzdenken auf dem Wettlauf ins All sorgte dafür, dass die enormen Kosten zugunsten von einfachen „Wegwerfraketen" ignoriert wurden. Im Jahr 1981 startete mit dem Space Shuttle das erste teilweise wiederverwendbare Raumfahrzeug, doch aufgrund der schwierigen Renovierung und einiger Probleme mit der Sicherheit blieb die erhoffte Ersparnis ein unerfüllter Traum der Ingenieure. Heute gibt es zwei Arten von wiederverwertbaren Raumschiffen: Raumflugzeuge, die wie der Orbiter des Space Shuttles eine Landebahn nutzen, und konventionellere Booster. Während die Feststoffraketen des Shuttles von Fallschirmen gebremst wurden, landen neuere Booster mithilfe ihrer eigenen Triebwerke, wie etwa bei der *Falcon* von SpaceX. Orbitalraketen wie die *Falcon* transportieren wiederverwendbare unbemannte Flugkörper, wie etwa den Raumgleiter *X-37* der US Air Force oder bemannte Kapseln wie den *Starliner* von Boeing oder die *Dragon* von SpaceX. Bis jetzt bestand jedes Raumfahrzeug zumindest aus ein paar Einwegteilen, aber einige suborbitale Raumflugzeuge für den Weltraumtourismus sollen in Zukunft komplett wiederverwendbar sein, etwa *SpaceShipTwo* von Virgin Galactic und *New Shepard* von Blue Origin.

3-SEKUNDEN-START

Da Raketen so teuer sind, sollen wiederverwendbare Systeme die Kosten der Raumfahrt in Zukunft erheblich reduzieren.

3-MINUTEN-LANDUNG

Das ultimative wiederverwendbare Raumfahrzeug ist eine Einstufenrakete, die effizient und leistungsstark genug ist, um so, wie sie ist, ins All zu fliegen. Die Entwickler der Raumfähre *Skylon* wollen genau das erreichen. Ihr SABRE-Triebwerk soll gleichzeitig als Luftfahrt- und als Raketenantrieb dienen. Eine kostensparende Alternative zu wiederverwendbaren Raketen ist der *Big Dumb Booster* („großer, dummer Booster"), eine leistungsstarke Einwegrakete, die so einfach und preiswert wie möglich gebaut sein soll.

VERWANDTE THEMEN

Siehe auch
DAS SPACE SHUTTLE
Seite 66

LOHNT SICH DIE RAUMFAHRT?
Seite 90

WELTRAUMTOURISMUS
Seite 140

MAXIME FAGET
(1921–2004)

Der belizisch-amerikanische Entwickler der Mercury-Raumkapsel. Er entwarf auch eine wiederverwendbare Variante des Space Shuttles.

Das Space Shuttle hatte zwar seine Probleme, aber mit ihm begann die Ära der wiederverwendbaren Raumfahrzeuge.

RAUMANZÜGE UND WELTRAUM-SPAZIERGÄNGE

30-Sekunden-Orbit

Die Raumanzüge, in denen Neil Armstrong und Buzz Aldrin auf dem Mond spazierten, sind berühmte Symbole der Raumfahrt und der Erforschung des Alls. Diese Anzüge für Außenbordaktivitäten (EMUs – Extravehicular Mobility Units) standen unter Druck und verfügten über ein tragbares Lebenserhaltungssystem in Form eines Rucksacks. Die Gesamtmasse betrug rund 90 kg. In den Mondfahrzeugen konnten die Astronauten den Rucksack, die weiße Außenlage und das goldfarbene Visier abnehmen und trugen dann nur den blauen Bordanzug mit dem „Goldfischglas"-Helm, der insgesamt 28 kg wog. Fünfzig Jahre später ist die Ausstattung der Astronauten für die Internationale Raumstation (ISS) nur noch halb so schwer – dank Hightech-Fasern und innovativen Designs. Die nächste Generation von Raumanzügen soll noch leichter werden. Moderne Anzüge, wie sie auch die Besatzung der ISS bei Außenbordeinsätzen trägt, müssen wie ein Mini-Raumschiff sein. Sie versorgen die Person darin nicht nur mit Sauerstoff, sondern besitzen auch ein Klimasystem, das sie vor den Extremtemperaturen im Weltraum isoliert. Ihr Gewicht von 130 kg spielt in der Schwerelosigkeit zum Glück keine Rolle. So ein Außenbordeinsatz kann übrigens viele Stunden dauern, weswegen die Astronauten unter der innersten Lage des Anzugs extra saugfähige Erwachsenenwindeln tragen.

3-SEKUNDEN-START

Raumanzüge müssen bequem und praktisch sein, gleichzeitig aber auch ein Schutz- und Lebenserhaltungssystem bieten.

3-MINUTEN-LANDUNG

Bei fast allen Weltraumspaziergängen sind die Astronauten aus Gründen der Sicherheit über Leinen mit dem Raumschiff verbunden. Im Jahr 1984 nutzten die Astronauten der NASA auf einigen Flügen die 148 kg schwere *Manned Maneuvering Unit* (MMU), in der sie ihre Space Shuttles *Challenger* und *Discovery* verließen. In diesen Stunden schwebten die Astronauten frei in ihren Manövriereinheiten, ohne Anbindung an die Raumfähre in der Erdumlaufbahn.

VERWANDTE THEMEN

Siehe auch
METALLE UND MATERIALIEN DER RAUMFAHRT
Seite 74

IN DER MIKROGRAVITATION
Seite 98

SCHUTZMASSNAHMEN IM WELTRAUM
Seite 104

3-SEKUNDEN-BIOGRAFIEN

ED WHITE
1930–1967
Der erste amerikanische Astronaut, der einen Weltraumspaziergang machte.

SWETLANA SAWIZKAJA
geb. 1948
Eine sowjetische Kosmonautin und die erste Frau auf einem Außenbordeinsatz.

Der Raumanzug ist Überlebensausrüstung und Weltraummode in einem – ein Must-have für jeden Astronauten.

SATELLITENSYSTEME

30-Sekunden-Orbit

3-SEKUNDEN-START
Zahlreiche militärische und zivile Satelliten beobachten die Erde und den Himmel. Sie ermöglichen Anwendungen, die Milliarden von Menschen täglich nutzen.

3-MINUTEN-LANDUNG
Der Orbit eines Satelliten hängt von seiner Funktion ab. Viele Kommunikationssatelliten kreisen auf einer geostationären Umlaufbahn, sodass sich die Empfänger auf der Erde nicht mitdrehen müssen. Viele Erdbeobachtungssatelliten bewegen sich nahe an der Erdoberfläche und über die Pole, um die gesamte Erde aufzunehmen. Navigationssysteme müssen ihre Signale über die ganze Welt verteilen und bestehen aus Flotten von über 20 Satelliten, die sich in einer Höhe von rund 20.000 km befinden.

Aktuell sind fast 2000 Satelliten in Betrieb. Sie umkreisen die Erde rund um die Uhr und senden ständig Daten an Regierungen und Unternehmen auf jedem Kontinent. Auf jedem Smartphone kann man sich Luftaufnahmen der ganzen Welt anschauen – sie wurden von Satelliten aufgenommen. Das Handy kennt auch unseren Standort, dank der Navigationssatellitensysteme der verschiedenen Länder, wie etwa GPS (USA), GLONASS (Russland), Galileo (EU) und Beido (China). Seit den 1960er-Jahren kreisen Erdbeobachtungssatelliten im All und senden uns Daten für den Wetterbericht. Auch die Wege von Stürmen können daraus vorhergesagt werden. Bestellen wir etwas im Internet, kommuniziert das Schiff, das die Produkte liefert, über einen Satelliten, der sich in der geostationären Umlaufbahn ungefähr 35.800 km über dem Äquator befindet. Er umkreist die Erde genau einmal am Tag und bleibt dadurch am Himmel immer an der gleichen Position. Fast jeder kennt die Bilder, die das Hubble-Weltraumteleskop aufgenommen hat. Dieses astronomische Observatorium ist nur einer von vielen Himmelsbeobachtern im All. Für Kommunikations- und Spionagezwecke gibt es Militärsatelliten, die ihre Ziele aus größter Ferne observieren. Auch bemannte Raumstationen zählen zu den Satelliten, beispielsweise die ISS, die groß wie ein Fußballfeld ist und bei Dämmerung manchmal sogar von der Erde aus mit freiem Auge am Himmel gesehen werden kann.

VERWANDTE THEMEN
Siehe auch
SPUTNIK
Seite 52

RAUMSTATIONEN
Seite 110

WELTRAUMTOURISMUS
Seite 140

3-SEKUNDEN-BIOGRAFIE
ARTHUR C. CLARKE
1917–2008
Ein Science-Fiction-Autor, der bereits 1945 den Einsatz geostationärer Kommunikationssatelliten voraussagte.

Tausende Satelliten umkreisen die Erde und liefern uns Daten für alle möglichen Dienste – von der Navigation bis zum Wetterbericht.

LOHNT SICH DIE RAUMFAHRT?

30-Sekunden-Orbit

In der Anfangszeit der Raumfahrt waren politische und militärische Motive – der Wunsch nach Überlegenheit – die Triebfedern hinter dem Fortschritt. Geld spielte keine Rolle. Als der Wettlauf ins All vorbei war und der erste Pioniergeist gestillt, wurden erste kritische Stimmen laut. Die sich noch heute fragen: Wären die Milliarden, die in Raumfahrtprogramme gesteckt werden, nicht auf der Erde sinnvoller angelegt? Rein wirtschaftlich betrachtet lohnt es sich schon – für Satellitennavigation, Mobiltelefonie, Wetterwarnsysteme und unzählige andere Anwendungen, ohne die wir unser Leben gar nicht mehr vorstellen können. Jeder Cent, der je ausgegeben wurde, um Flüge ins All möglich, praktisch und sicher zu machen, hat uns einen vielfachen Nutzen gebracht. Natürlich noch nicht nach wenigen Monaten oder Jahren, aber über Jahrzehnte und Generationen hinweg ganz eindeutig. Um es philosophisch auszudrücken: Die Bedürfnisse einer Gesellschaft sollten immer wohlüberlegt ausbalanciert werden. Fortschritt, Verbesserungen und das Streben nach neuen Fähigkeiten und Erkenntnissen sind Grundbedürfnisse jeder Zivilisation, die nicht stagnieren will. Darum ist es für die Menschheit nicht nur angemessen, sondern unerlässlich, sich kühn über den komfortablen Tellerrand der Erde hinauszubewegen, um sich weiterzuentwickeln.

3-SEKUNDEN-START

Die Erforschung des Weltraums bringt vielleicht keinen unmittelbaren greifbaren Nutzen, aber sie verändert unsere Zukunft.

3-MINUTEN-LANDUNG

Das überzeugendste Argument, das für den Nutzen der Raumfahrt spricht, ist vielleicht das Überleben unserer Art. Die Dinosaurier starben aus, da sie dem Einschlag des gewaltigen Asteroiden nicht entfliehen konnten. Ein ähnliches Schicksal oder eine andere globale Katastrophe könnte auch uns bevorstehen. Bis der Tag kommt, an dem unsere Existenz bedroht ist, muss sich die Menschheit möglichst viel Wissen über das All und die Mittel, dorthin zu reisen, aneignen.

VERWANDTE THEMEN

Siehe auch
SATELLITENSYSTEME
Seite 88

METALLE UND MATERIALIEN DER RAUMFAHRT
Seite 74

WELTRAUMTOURISMUS
Seite 140

3-SEKUNDEN-BIOGRAFIE

JOSEPH AMES
1864–1943
Ein amerikanischer Physiker, der im Bereich der Luftfahrt und Astronomie forschte. Er war ein Gründungsmitglied des NACA, dem Vorläufer der NASA. Das Ames Research Center der NASA in Silicon Valley wurde nach ihm benannt.

Die Raumfahrt brachte uns Mobiltelefone, medizinische Geräte und vieles mehr. Eines Tages rettet sie vielleicht sogar die Menschheit.

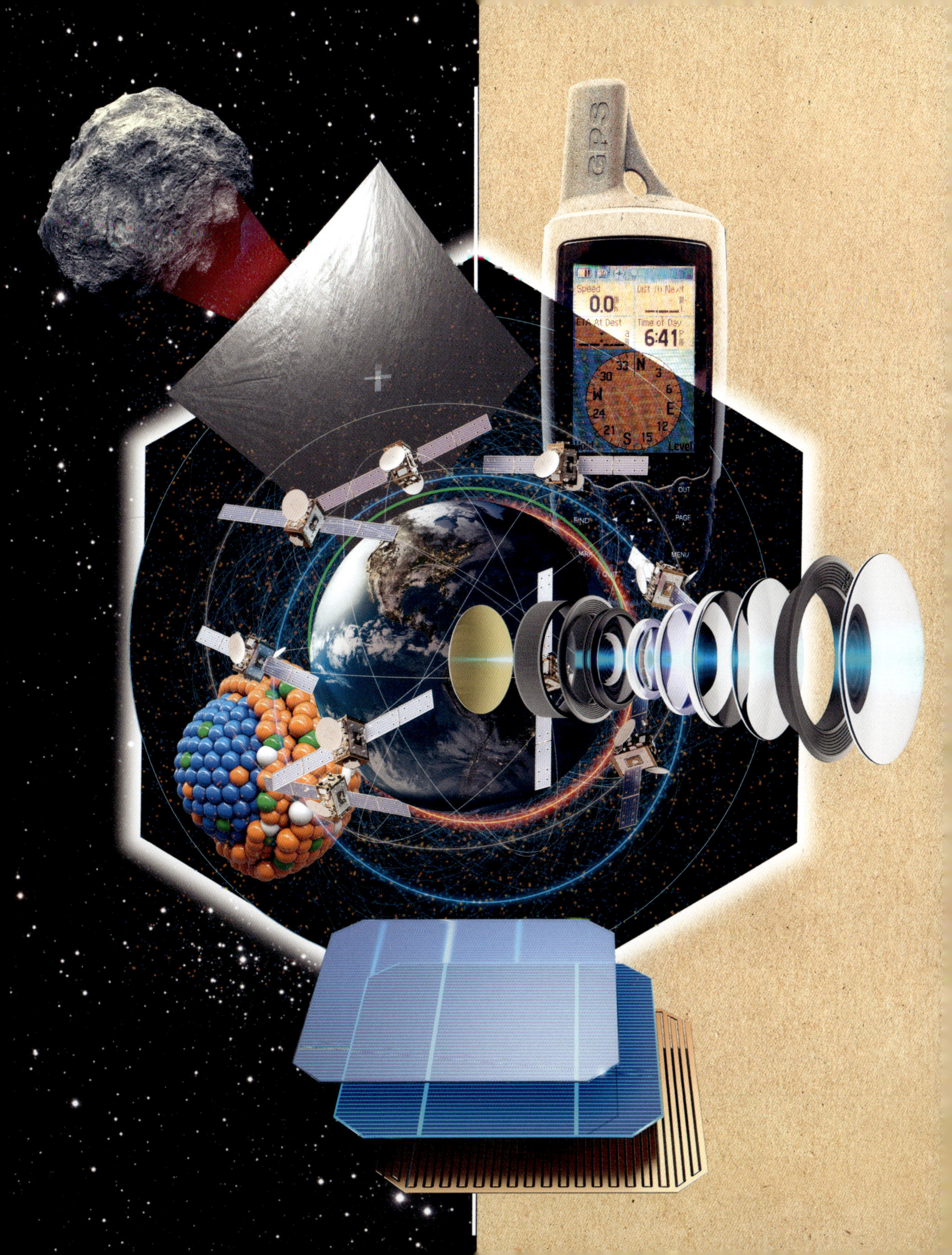
GPS
Speed
0.0
Dist To Next
ETA At Dest
Time of Day
6:41
N
E
S
W
33
30
3
6
24
21
15
12
Level
OUT
PAGE
MENU
FIND
QUIT

17. März 1962
Geboren in Karnal im indischen Haryana.

1982
Schließt ein Bachelorstudium der Luftfahrttechnik am Ingenieurscollege Punjab ab.

1984
Schließt ein Masterstudium der Luftfahrttechnik an der University of Texas in den USA ab.

1988
Promoviert in Luftfahrttechnik an der University of Colorado in den USA. Beginnt, im Ames Research Center der NASA zu arbeiten. Dort forscht sie im Bereich der numerischen Strömungsmechanik.

1991
Erhält die Staatsbürgerschaft der USA.

1994
Wird in das Astronautenteam der NASA aufgenommen.

1997
Fliegt als Missionsspezialistin an Bord des Space Shuttles *Columbia* ins All.

2003
Zweiter Flug ins All, ebenfalls an Bord des Space Shuttles *Columbia*.

1. Februar 2003
Stirbt, als die *Columbia* beim Wiedereintritt in die Erdatmosphäre auseinanderbricht.

KALPANA CHAWLA

„Ich bin nicht geboren, um nur an einem Ort zu bleiben. Das ganze Universum ist meine Heimat." Auf dem Höhepunkt ihrer Bekanntheit beschreibt sich die erste indische Astronautin Kalpana Chawla in einem Fernsehinterview mit diesen Worten. Eigentlich hieß sie „Montu", doch im Alter von drei Jahren gab sie sich selbst den Namen „Kalpana", der „Fantasie" bedeutet. Schon früh im Leben fantasierte sie in ihrer Heimatstadt Karnal von einer Zukunft in der Raumfahrt, aber sie wusste nicht einmal, ob ihre Familie ihr den Besuch der Ingenieurschule erlauben würde. Für ein indisches Mädchen jener Zeit war das ein revolutionärer Wunsch. Aber Kalpanas Talent und Beharrlichkeit überzeugten die Eltern und schließlich absolvierte sie als erste Frau ein Bachelorstudium der Luftfahrttechnik an der Ingenieurshochschule Punjab.

Chawla setzte ihre Ausbildung in den USA fort und erlangte dort ihren Doktortitel in Luftfahrttechnik. Anschließend forschte sie im Auftrag der NASA auf dem Gebiet der numerischen Strömungsmechanik. Schon bald darauf bewarb sie sich für das Astronautenteam, in das sie 1994 nach einem langen Auswahlprozess als zivile Missionsspezialistin aufgenommen wurde. Ihr erster Flug ins All geschah im Rahmen der Mission STS-87 an Bord der Raumfähre *Columbia*. Vom 19. November bis zum 5. Dezember 1997 umrundete Chawla 252-mal die Erde und legte dabei über 19 Millionen Kilometer im Weltraum zurück, während sie mit technischen Geräten arbeitete und wissenschaftliche Experimente durchführte. Bei ihrer Rückkehr zur Erde wurde sie als Nationalheldin Indiens gefeiert. Ihre Berühmtheit nutzte sie, um die naturwissenschaftliche Bildung in Indien zu fördern, vor allem für Mädchen, die aus armen oder ländlichen Gegenden stammten, wie auch Chawla.

Auch ihre zweite Reise ins All fand an Bord der *Columbia* statt – auf der Forschungsmission STS-107. Während des Starts am 16. Januar 2003 filmten die Bordkameras ein Stück Schaumstoffisolierung, das sich vom Außentank des Shuttles gelöst und die linke Tragfläche getroffen hatte. Der Rest des 16-tägigen Flugs verlief ohne weitere Zwischenfälle. Aber als die *Columbia* auf der Rückkehr wieder in die Erdatmosphäre eintrat, drang Luft, die durch die Reibung auf über 1800 °C erhitzt worden war, durch den beschädigten Flügel ins Innere des Orbiters ein und schmolz einige Komponenten. Sechzehn Minuten vor der planmäßigen Landung brach die *Columbia* über dem US-Bundesstaat Texas in einer Höhe von 60 km auseinander. Chawla und ihre sechs Kollegen kamen dabei ums Leben.

LEBEN IM WELTRAUM

LEBEN IM WELTRAUM
GLOSSAR

Almas Ein militärisches Raumstationsprogramm der Sowjetunion, das von 1966 bis 1978 (damals im Geheimen) durchgeführt wurde. Einige der Technologien, die dafür entwickelt wurden, kamen in späteren Raumstationen zum Einsatz (u. a. auf der ISS, *siehe Seite 72*). Das private Raumfahrtunternehmen „Excalibur Almaz" wurde gegründet, um auf der bestehenden Technik aufzubauen, hatte aber keinen Erfolg.

Atmosphäre *Siehe Seite 12.*

Challenger *Siehe Seite 72.*

Earthrise-Foto Ein berühmtes Foto des Erdaufgangs, aufgenommen aus der Mondumlaufbahn vom Apollo-Astronauten Bill Anders im Dezember 1968. Das Bild zeigt die halb von der Sonne beleuchtete Erde, die über dem Mondhorizont aufgeht.

Internationale Raumstation *Siehe Seite 72*

Magnetosphäre Das Raumgebiet um ein Objekt, in dem die geladenen Teilchen durch das Magnetfeld dieses Objekts beeinflusst werden und nicht (wie z. B. im Sonnensystem) vom Sonnenwind. Die Magnetosphäre der Erde erstreckt sich etwa drei bis vier Erdradien weit ins All. Ihre Aufgabe ist in erster Linie, Teilchen, die von der Sonne kommen, abzulenken, um die Erde vor ihnen zu schützen.

Mikrometeor *Siehe Seite 73*

Mir Eine sowjetische, später russische Raumstation, die sich von 1986 bis 2001 im Weltraum befand. Die *Mir* (russisch für „Frieden") war die erste modulare Raumstation und meist mit drei Astronauten besetzt, konnte aber bis zu sechs Personen über mehrere Monate hinweg versorgen.

NASA-Zwillingsstudie Ein Forschungsprojekt, das die Auswirkungen des Aufenthalts im All auf den menschlichen Körper untersuchte. Im Rahmen dieser Studie verbrachte der Astronaut Scott Kelly ein Jahr an Bord der ISS (von März 2015 bis März 2016). Sein Zwillingsbruder, der ehemalige Astronaut Mark Kelly, blieb währenddessen auf der Erde.

orbitale Perspektive Der Blick auf die Erde vom Weltraum aus. Mehrere Astronauten berichteten, dass ihnen der Anblick des Erdballs eine neue Perspektive auf die Verletzlichkeit und Verbundenheit der Wesen auf unserem Planeten geschenkt habe.

Saljut Die ersten zivilen Raumstationen der Sowjetunion. Die Technologie von Saljut baute auf dem (damals geheimen) militärischen Almas-Programm auf (siehe oben) und führte zum Start von sechs verschiedenen bemannten Raumstationen im Zeitraum von 1971 bis 1985. *Saljut 1* war die erste bemannte Raumstation der Welt.

Schwerebeschleunigung Die Beschleunigung, die von einem Gravitationsfeld erzeugt wird. Kraft und Beschleunigung sind dabei identisch, gemäß der Formel $F = ma$: Kraft ist gleich Masse mal Beschleunigung.

Schwerelosigkeit Das Gefühl, überhaupt kein Gewicht zu haben, das Astronauten im All oder Passagiere auf Parabelflügen auf der Erde verspüren, da keine Gegenkraft auf die Schwerkraft einwirkt. (*Siehe auch* Schwerelosigkeit, Seite 13.)

Skylab Die erste Raumstation der NASA, die 1973 und 1974 ungefähr sechs Monate lang im Wechsel von drei Astronautenteams aus je drei Personen besetzt war.

Sonnensturm Ein temporäres Phänomen, das auf der Oberfläche der Sonne auftritt und Sonneneruptionen, Massenauswürfe und andere Ereignisse verursacht. Dabei wird Plasma, das geladene Teilchen enthält, ins Sonnensystem geschleudert. Dieses Material trifft manchmal auf die Erde und andere Planeten oder Objekte im All. Diese Interaktionen erzeugen das sogenannte Weltraumwetter, das gefährliche Auswirkungen auf das Leben und unsere Elektronik haben kann.

Tiangong Chinesische Raumstation. *Tiangong* bedeutet „Himmelspalast". Zwei Raumlabore, Tiangong-1 und Tiangong-2, waren schon vor ihr erfolgreich im All gewesen. Die Raumstation befindet sich seit 2021 im Weltraum.

Weltraumkrankheit Ein Unwohlsein ähnlich der Seekrankheit, unter dem manche Astronauten in der Schwerelosigkeit leiden.

Wostok 2 Ein sowjetisches Raumfahrtprogramm, das 1961 begann. An Bord der *Wostok 2* umkreiste der Kosmonaut German Titow 25 Stunden lang die Erde. Das war die bis dahin längste Mission im All, was sie bis 1963 auch blieb.

IN DER MIKROGRAVITATION

30-Sekunden-Orbit

3-SEKUNDEN-START
Lebewesen (einschließlich Menschen), die an die Schwerkraft angepasst sind, haben in der Schwerelosigkeit oft Probleme.

3-MINUTEN-LANDUNG
Tiere, die ins All fliegen, werden mittlerweile aus wissenschaftlichen und ethischen Gründen gut behandelt. Die Erforschung der Fortpflanzung in der Mikrogravitation ist ein wichtiges Thema, falls wirklich einmal Menschen Jahre oder Jahrzehnte im Weltraum verbringen. Experimente mit Mäusen ergaben, dass man Eizellen in der Schwerelosigkeit befruchten kann, aber sich daraus seltener Embryos entwickeln. Einige japanische Süßwasserfische haben sich aber bereits erfolgreich im All vermehrt.

Die Erdbeschleunigung beträgt 9,8 m/s², was bedeutet, dass jede Bewegung und jede Struktur auf der Erde eine Kraft ausüben muss, um sie zu überwinden. Wenn sich ein Raumfahrzeug in der Erdumlaufbahn befindet, ungeachtet seiner Flughöhe, ist diese Beschleunigung genau gleich und wirkt entgegen der Beschleunigung nach außen, die durch die Bewegung des Raumschiffs auf der Umlaufbahn erzeugt wird. Das gilt auch für den Inhalt des Flugkörpers – einschließlich Lebewesen wie Menschen, Tiere und Pflanzen sowie die festen, flüssigen und gasförmigen Bestandteile ihrer Körper, die sich ebenfalls schwerelos verhalten. Die Mikrogravitation kann Organismen verwirren: Pflanzen, deren Wurzeln nach „unten" und deren Stiele nach „oben" ausgerichtet sind, haben nun keine vorgegebene Wuchsrichtung, an der sie sich orientieren können. Und ohne die Schwerkraft, die Wassertropfen nach unten und von den Wurzeln weg zieht, bleibt das Wasser aufgrund der Oberflächenspannung an den Wurzelhaaren haften und entzieht der Pflanze Sauerstoff. Bakterien können in der Mikrogravitation gefährlicher oder harmloser werden – je nachdem, in welchem Nährmedium die Kulturen angelegt sind. Fische und Kaulquappen schwimmen in der Schwerelosigkeit im Kreis statt geradeaus. Einem Plattwurm wuchs im Weltraum ein zweiter Kopf. Zurück auf der Erde behielt er die Fähigkeit, bei der Teilung ebenfalls wieder zwei Köpfe zu bilden.

VERWANDTE THEMEN
Siehe auch
METALLE UND MATERIALIEN DER RAUMFAHRT
Seite 74

SCHUTZMASSNAHMEN IM WELTRAUM
Seite 104

RAUMSTATIONEN
Seite 110

3-SEKUNDEN-BIOGRAFIE
LAIKA
ca. 1954–1957
Das erste Tier im Weltraum. Die streunende Hündin wurde auf den Straßen von Moskau aufgelesen und an Bord von *Sputnik 2* ins All geschickt. Sie überlebte die Mikrogravitation, aber starb, als der Satellit überhitzte.

Im Weltraum kann sich ein Organismus nicht orientieren. Ob Plattwürmer, Frösche oder andere Lebewesen: Sie wissen buchstäblich nicht, wo oben und unten ist.

WIE WIRKT DER WELTRAUM AUF DEN KÖRPER?

30-Sekunden-Orbit

Die Schwerelosigkeit im All führt zu vielen Veränderungen im menschlichen Körper. Die ersten Weltraummissionen waren nur kurz und das häufigste Problem war die „Weltraumkrankheit“, eine Art Reisekrankheit im All, von der sich die meisten Astronauten schnell erholten. Aufgrund der fehlenden Schwerkraft bewegen sich die Flüssigkeiten im Körper nach oben, weswegen Raumfahrer oft Schwellungen im Gesicht und eine verstopfte Nase haben. Manchmal kommt es auch zu Sehstörungen sowie dem Verlust des Geschmacks- und Geruchssinns. Längere Missionen belasten die Gesundheit bedeutend mehr, da der Aufenthalt in der Schwerelosigkeit nach einer Weile die Knochen und Muskeln schwinden lässt. Darum müssen Astronauten, die für längere Zeit auf der Internationalen Raumstation (ISS) leben, mindestens zwei Stunden pro Tag auf speziellen Sportgeräten trainieren. Sie sind Versuchspersonen für ihre eigene Gesundheit. Wollen sich Menschen eines Tages noch länger außerhalb der Erdatmosphäre aufhalten, gäbe es weitere Risiken, etwa durch die kosmische Strahlung, vor die uns auf der Erde die Atmosphäre schützt. Schon in der erdnahen Umlaufbahn sind die Astronauten bedeutend mehr Strahlung ausgesetzt als auf dem Boden. Während eines Sonnensturms steigt die Strahlenbelastung weiter an. Für jeden Raumflug, der über die Magnetosphäre der Erde hinausgeht (etwa im Rahmen einer Marsmission), müssten entsprechende Vorkehrungen getroffen werden.

3-SEKUNDEN-START

Der menschliche Körper hat sich auf der Erde entwickelt und ist nicht an die Schwerelosigkeit angepasst. Ein Aufenthalt im All birgt gesundheitliche Risiken.

3-MINUTEN-LANDUNG

Der bisher jüngste Mensch im All war der sowjetische Kosmonaut German Titow. An Bord der *Wostok 2* im Jahr 1961 war er 26 Jahre alt – um einiges jünger als der jüngste US-Astronaut, die 32-jährige Sally Ride, die 1983 mit 32 Jahren an der Challenger-Mission teilnahm. Im Oktober 1998 wurde John Glenn mit 77 Jahren zum bisher ältesten Menschen im Weltraum.

VERWANDTE THEMEN

Siehe auch
RAUMANZÜGE UND WELTRAUMSPAZIERGÄNGE
Seite 86

SCHUTZMASSNAHMEN IM WELTRAUM
Seite 104

DER ALLTAG IM WELTRAUM
Seite 106

3-SEKUNDEN-BIOGRAFIEN

SCOTT UND MARK KELLY
geb. 1964
Zwei ehemalige Astronauten der NASA. Ein Zwillingspaar, das 2015/16 ein ganzes Jahr lang an der Astronauten-Zwillingsstudie teilnahm. Scott befand sich in dieser Zeit an Bord der ISS und Mark blieb auf der Erde.

Im Weltraum und beim Astronautentraining sind die Raumfahrer auch Versuchspersonen und ihre Körper werden enormen Belastungen ausgesetzt.

WIE WIRKT DER WELTRAUM AUF DIE PSYCHE?

30-Sekunden-Orbit

Eine Reise in den Weltraum ist ein einzigartiges Erlebnis, das mentale, emotionale und körperliche Auswirkungen hat. Ein Astronaut ist in einem Raumschiff „gefangen", weit von der Erde und allem Vertrauten entfernt, in einem Umfeld, in dem der kleinste Fehler oder der geringste technische Defekt das Leben der gesamten Besatzung aufs Spiel setzen kann. Wie lang kann man es unter solchen Bedingungen aushalten? Auch nach der Rückkehr auf die Erde haben Astronauten manchmal mit psychischen Problemen zu kämpfen. Buzz Aldrin litt nach seiner Mondmission jahrelang unter Depressionen und war dem Alkohol verfallen. Meistens ist die Reise ins All jedoch eine positive Erfahrung. Viele Astronauten beschreiben den Blick aus dem Weltraum auf die Erde als ein Erlebnis, das sie tief berührte: Man sieht keine Grenzen zwischen den Ländern, nur die bunte Schönheit des Erdballs, der aus der endlosen Schwärze des Kosmos leuchtet. Den Beobachtern wird oft staunend bewusst, wie kostbar, zerbrechlich und miteinander verwoben alles auf der Welt ist. Dieses Gefühl wird auch als „orbitale Perspektive" oder „Overview-Effekt" bezeichnet und es markierte wohl den Beginn des modernen Umweltbewusstseins. Das berühmte Earthrise-Foto von der aufgehenden Erde über dem Mondhorizont, das die Crew von *Apollo 8* im Jahr 1968 machte, schenkte der Menschheit einen Blick auf unseren Planeten aus den Weiten des Weltalls.

3-SEKUNDEN-START

Für die Astronauten kann eine Reise ins All eine erhebende Erfahrung sein, aber die Einsamkeit und der Stress können belastende Folgen nach sich ziehen.

3-MINUTEN-LANDUNG

Ein Flug zum Mars und zurück dauert in jede Richtung fast ein Jahr. Darum ist die Antarktis ein geeignetes Forschungsgebiet für die Raumfahrt: Kleine Teams leben dort isoliert in der Kälte und anhaltenden Dunkelheit des südpolaren Winters mehrere Monate am Stück und erforschen die psychischen Auswirkungen des Lebens unter solchen Bedingungen, die einem längeren Aufenthalt im All ähneln.

VERWANDTE THEMEN

Siehe auch
DIE APOLLO-MONDMISSION
Seite 62

WIE WIRKT DER WELTRAUM AUF DEN KÖRPER?
Seite 100

FREIZEIT IM WELTRAUM
Seite 108

3-SEKUNDEN-BIOGRAFIEN

JAMES LOVELL, FRANK BORMAN UND BILL ANDERS
geb. 1928, 1928 und 1933
Die amerikanischen Astronauten an Bord von *Apollo 8*. Sie waren die ersten drei Menschen, die sich über die erdnahe Umlaufbahn hinausbewegten. Am 24. Dezember 1968 machten sie das berühmte Foto des Erdaufgangs.

Im Weltraum ist man vom normalen Leben auf der Erde komplett abgeschnitten. Das kann beflügeln, aber auch beklemmend sein.

SCHUTZMASSNAHMEN IM WELTRAUM

30-Sekunden-Orbit

Die Erdatmosphäre ist für uns etwas ganz Selbstverständliches. Sie versorgt uns mit Atemluft und dem Außendruck, an den sich unser Körper angepasst hat. Gleichzeitig schützt sie uns vor der Strahlung und den Mikrometeoriten aus dem Weltraum. Ein Mensch, der die sichere Hülle der Erde verlässt, benötigt ein Raumfahrzeug oder einen Raumanzug, um diesen Schutz zu simulieren. Das Grundprinzip ist einfach: Man braucht einen versiegelten Behälter, gefüllt mit dem richtigen Gasgemisch, der auf eine angenehme Temperatur erwärmt wird und dessen Material dem Aufprall von Mikrometeoriten widersteht und gefährliche Strahlung abhält. Das Hauptproblem kann mit dem Ausdruck „die Natur scheut die Leere" zusammengefasst werden: Die Gase im Raumschiff werden versuchen, selbst durch winzigste Löcher zu entweichen, und die Materialien, die sie einschließen können, sind schwer zu verarbeiten. Die simpelste Konstruktion wäre eine „Blechdose" ohne Fenster und Türen, aber für bemannte Raumschiffe ist das unpraktisch. Außenbordeinsätze werfen weitere Probleme auf, denn die Astronauten brauchen Raumanzüge, die ihnen die schützende Atmosphäre bieten, aber gleichzeitig flexibel genug sind, um von menschlichen Muskeln bewegt werden zu können. Da die Raumfahrer dafür ihr Gefährt verlassen und wieder betreten müssen, sind Druckschleusen mit doppelten Türen unbedingt erforderlich.

3-SEKUNDEN-START

Im Weltraum gibt es keine Luft, darum brauchen Astronauten spezielle Fahrzeuge und Anzüge, um überleben zu können.

3-MINUTEN-LANDUNG

In der bemannten Raumfahrt fällt die Erforschung und die Konstruktion von menschenschützenden Raumschiffen und -anzügen unter den Begriff „Environmental Control and Life Support Systems" (ECLSS). Dazu gehören Lebenserhaltungssysteme, die den Astronauten Wärme, Sauerstoff, saubere Luft (Entfernung von CO_2 und schädlichen Gasen) und aufbereitetes Wasser zur Verfügung stellen.

VERWANDTE THEMEN

Siehe auch
METALLE UND MATERIALIEN DER RAUMFAHRT
Seite 74

RAUMANZÜGE UND WELTRAUMSPAZIERGÄNGE
Seite 86

IN DER MIKROGRAVITATION
Seite 98

3-SEKUNDEN-BIOGRAFIEN

ALEXEI LEONOW
1934–2019
Ein russischer Kosmonaut, der 1965 als erster Mensch einen Weltraumspaziergang machte und dabei nur durch seinen Raumanzug geschützt war.

SIEGFRIED HANSEN
1912–2002
Ein amerikanischer Erfinder, den man auch den „Raumanzugpionier" nennt, da er schon in den 1950er-Jahren Anzüge entwickelte, in denen Menschen in einer Vakuumkammer überleben konnten.

Um im Weltraum überleben zu können, ist der Mensch auf komplexe Technologien angewiesen.

DER ALLTAG IM WELTRAUM

30-Sekunden-Orbit

Auf ihrer Umlaufbahn in einer Höhe von 400 km sehen die Astronauten der Internationalen Raumstation (ISS) alle 90 Minuten die Sonne auf- und untergehen. Das ist natürlich kein sinnvoller Tagesrhythmus, weswegen die Besatzung als Kompromiss nach Westeuropäischer Zeit (WEZ) arbeitet, da diese Zeitzone zwischen jenen der Kontrollzentren in Houston und Moskau liegt. Die Astronauten beginnen ihren Tag für gewöhnlich nach acht Stunden Schlaf in ihren Schlafsäcken, die an der „Wand" befestigt sind. Dieser Bereich befindet sich neben der Lüftung, die das ausgeatmete CO_2 abführt. Allerdings macht sie solchen Lärm, dass sich die Astronauten mithilfe von Ohrstöpsel und Augenmasken abschirmen. Das Frühstück wird wie alle Mahlzeiten in speziellen Behältern und Tüten serviert, denn herumfliegende Nahrungsteile könnten in die elektrischen Systeme gelangen. Auf den frühen, kurzen Missionen musste das Essen vor allem praktisch sein, für längere Aufenthalte werden heute Spezialwünsche der Crew von Köchen erfüllt, etwa das Sandwich mit Dosenbohnen für den britischen Astronauten Tim Peake oder die eingebaute Kaffeemaschine für die Italienerin Samantha Cristoforetti. Nach Trainingseinheiten macht man sich mit Feuchttüchern frisch. Die Einmalkleidung der Astronauten wird alle zwei Tagen weggeworfen, da es keine Waschmaschine gibt. Urin aus der Toilette wird aufbereitet und dem Wassersystem zugeführt, Kot wird komprimiert und bis zur Entsorgung aufbewahrt.

3-SEKUNDEN-START

Auf langen Missionen ist es wichtig, dass die Astronauten und Kosmonauten erholsam schlafen und gut essen können.

3-MINUTEN-LANDUNG

Das Space Food Systems Laboratory (SFSL) in Houston ist das Lebensmittellabor der NASA, wo die Nahrung für die Astronauten der ISS hergestellt wird. Die Wissenschaftler dort entwickeln immer besseres und länger haltbares Essen für den Einsatz im Weltraum. Vor einer längeren Mission besuchen die Astronauten die Einrichtung und stellen mit den Experten dort einen passenden Speiseplan zusammen. Für Versorgungsflüge zur Raumstation inkludiert das SFSL auch leckere Überraschungs-Snacks und frische Lebensmittel.

VERWANDTE THEMEN

Siehe auch

IN DER MIKROGRAVITATION
Seite 98

WIE WIRKT DIE RAUMFAHRT AUF DEN KÖRPER?
Seite 100

FREIZEIT IM WELTRAUM
Seite 108

3-SEKUNDEN-BIOGRAFIEN

WALERI POLJAKOW
1942–1922

Dieser russische Kosmonaut hält den Rekord für den längsten Aufenthalt im Weltraum an einem Stück: Er verbrachte 437 Tage und 18 Stunden auf der Raumstation *Mir* – von Januar 1994 bis März 1995.

PEGGY WHITSON
geb. 1960

Amerikanische Astronautin, die den Rekord für den längsten Aufenthalt eines Amerikaners im All hält: Auf drei Missionen verbrachte sie insgesamt 665 Tage im Weltraum.

Menschen haben menschliche Bedürfnisse, darum muss ihr Lebensraum im All an diese angepasst werden.

FREIZEIT IM WELTRAUM

30-Sekunden-Orbit

Damit sich die Astronauten im All wohlfühlen, brauchen sie auch Entspannung und Unterhaltung, vor allem auf langen Missionen. Jeden Tag gibt es Freizeit und die Wochenenden sind für Hobbys und persönliche Interessen reserviert – etwa, um E-Mails zu schreiben oder mit Angehörigen auf der Erde zu telefonieren, aber auch für kreative Aktivitäten. Überraschend viele Musikinstrumente, von der Gitarre bis zum Dudelsack, wurden schon ins All mitgenommen – natürlich erst, nachdem sie geprüft und genehmigt wurden. Die erste Livemusik, die Menschen im All spielten, war „Jingle Bells": Im Dezember 1965, an Bord der *Gemini 6*, gaben Wally Schirra und Tom Stafford auf Mundharmonika und Schellen das Weihnachtslied zum Besten. Manchmal schaut sich die Besatzung gemeinsam einen Film an und wählt aus den über 500 verfügbaren Titeln auf der Internationalen Raumstation (ISS). Gelegentlich bekommen sie sogar Neuerscheinungen zu sehen, etwa *Star Wars: Die letzten Jedi* im Jahr 2017. Auch eine inoffizielle „Bibliothek" gibt es auf der ISS und beim Wechsel der Crew werden immer neue Bücher mitgebracht. Eine der Lieblingsbeschäftigungen aller Astronauten ist jedoch der Blick aus dem Fenster: Diese Aussicht gibt es schließlich nirgendwo sonst.

3-SEKUNDEN-START

Wie alle anderen Menschen brauchen auch Astronauten und Kosmonauten Spiel und Spaß. Kreative Hobbys und Musik gehören im All dazu.

3-MINUTEN-LANDUNG

Die NASA-Mission „Spielzeug im Weltraum" wurde ins Leben gerufen, um auf Videos zu zeigen, wie sich bekannte Spielsachen in der Schwerelosigkeit verhalten. Auf vier Missionen, die zwischen 1985 und 2002 stattfanden, wurden verschiedene Gegenstände an Bord des Space Shuttles und zur ISS gebracht. Die Videos und dazugehörigen Lernmaterialien wurden für den Unterricht in Schulen produziert und Lehrern zur Verfügung gestellt.

VERWANDTE THEMEN

Siehe auch
IN DER MIKROGRAVITATION
Seite 98

WIE WIRKT DER WELTRAUM AUF DEN KÖRPER?
Seite 100

DER ALLTAG IM WELTRAUM
Seite 106

3-SEKUNDEN-BIOGRAFIEN

ALAN SHEPHARD
1923–1998
Ein amerikanischer Astronaut und die erste Person, die an einem anderen Ort als der Erde – nämlich auf dem Mond – einen Golfball abschlug.

CHRIS HADFIELD
geb. 1959
Ein kanadischer Astronaut, der während seines Aufenthalts auf der ISS 2012/13 das erste Musikalbum im Weltraum aufnahm: *Songs from a Tin Can*. Einer der Songs war eine Coverversion von David Bowies „Space Oddity".

In ihrer Freizeit gehen die Astronauten im All allen möglichen unterhaltsamen und kreativen Hobbys nach.

RAUMSTATIONEN

30-Sekunden-Orbit

Auf einem Raumschiff können Menschen einige Tage am Stück im All bleiben. Für längere Aufenthalte gibt es seit dem Ende des Wettlaufs ins All Raumstationen, die als Forschungsplattform dienen und die Erfahrung der Raumfahrt vermitteln, ohne dass man dafür die erdnahe Umlaufbahn verlassen muss. Frühere „monolithische" Raumstationen wurden auf einem einzigen Flug ins All gebracht und mit allen benötigten Vorräten ausgestattet. Die ersten sowjetischen zivilen und militärischen Raumstationen, *Saljut* und *Almas*, wurden in den Jahren von 1971 bis 1976 ins Leben gerufen und fielen in diese Kategorie. Die späteren *Saljut 6* (1977) und *Saljut 7* (1982) hatten jeweils einen Kopplungsstutzen, an dem unbemannte Versorgungsraumschiffe andocken konnten. Dadurch konnte die Besatzung länger im All bleiben. Die erste und einzige monolithische Raumstation der USA war *Skylab*, die aus der dritten Stufe von *Saturn V* bestand und im Jahr 1973 startete. Modulare Raumstationen werden in Teilen nacheinander ins All geschickt und dort zusammengebaut. Die erste dieser Art war die sowjetische Raumstation *Mir* (1986). Die größte und aufwendigste ist die Internationale Raumstation (ISS), die seit 1998 die Erde umkreist und seit 2000 besetzt ist. Menschen aus 18 Ländern besuchten die ISS, auf der seit 2000 fast alle Aktivitäten der bemannten Raumfahrt stattfinden, neben den monolithischen Stationen *Tiangong*, die von China in den Jahren 2011 und 2016 gestartet wurden.

3-SEKUNDEN-START

Seit den 1970er-Jahren leben Menschen auf immer größeren und aufwendigeren Raumstationen im All, ob auf der frühen *Saljut* oder der hochmodernen ISS.

3-MINUTEN-LANDUNG

Die Internationale Raumstation (ISS) besteht aus Modulen von geplanten Raumstationen aus den 1990er-Jahren. Das russische Segment der ISS basiert auf *Mir 2* und das US-Segment auf der geplanten Raumstation *Freedom*. Das US-Segment enthält auch Module von drei der anderen Kooperationspartner der ISS: das japanische Labor Kibo, das Columbus-Labor der Europäischen Weltraumorganisation und den Robotergreifarm „Canadarm-2" der kanadischen Weltraumbehörde.

VERWANDTE THEMEN

Siehe auch
DAS APOLLO-SOJUS-PROJEKT
Seite 64

DER ALLTAG IM WELTRAUM
Seite 106

WELTRAUMKOLONIEN DER ZUKUNFT
Seite 138

3-SEKUNDEN-BIOGRAFIEN

LIU YANG
geb. 1978
Die erste chinesische Frau im All und Besatzungsmitglied auf *Tiangong-1*, der ersten chinesischen Raumstation.

GEORGI DOBROWOLSKI, WLADISLAW WOLKOW UND WIKTOR PAZAJEW
1928–1971, 1935–1971 und 1933–1971
Die erste Besatzung einer Raumstation und die ersten Menschen, die außerhalb der Erdatmosphäre starben: Auf ihrer Rückkehr von *Saljut 1* öffnete sich ein Ventil und der Druckabfall erstickte die Crew.

Auf Raumstationen können sich Menschen auch außerhalb der Erdatmosphäre für längere Zeit aufhalten.

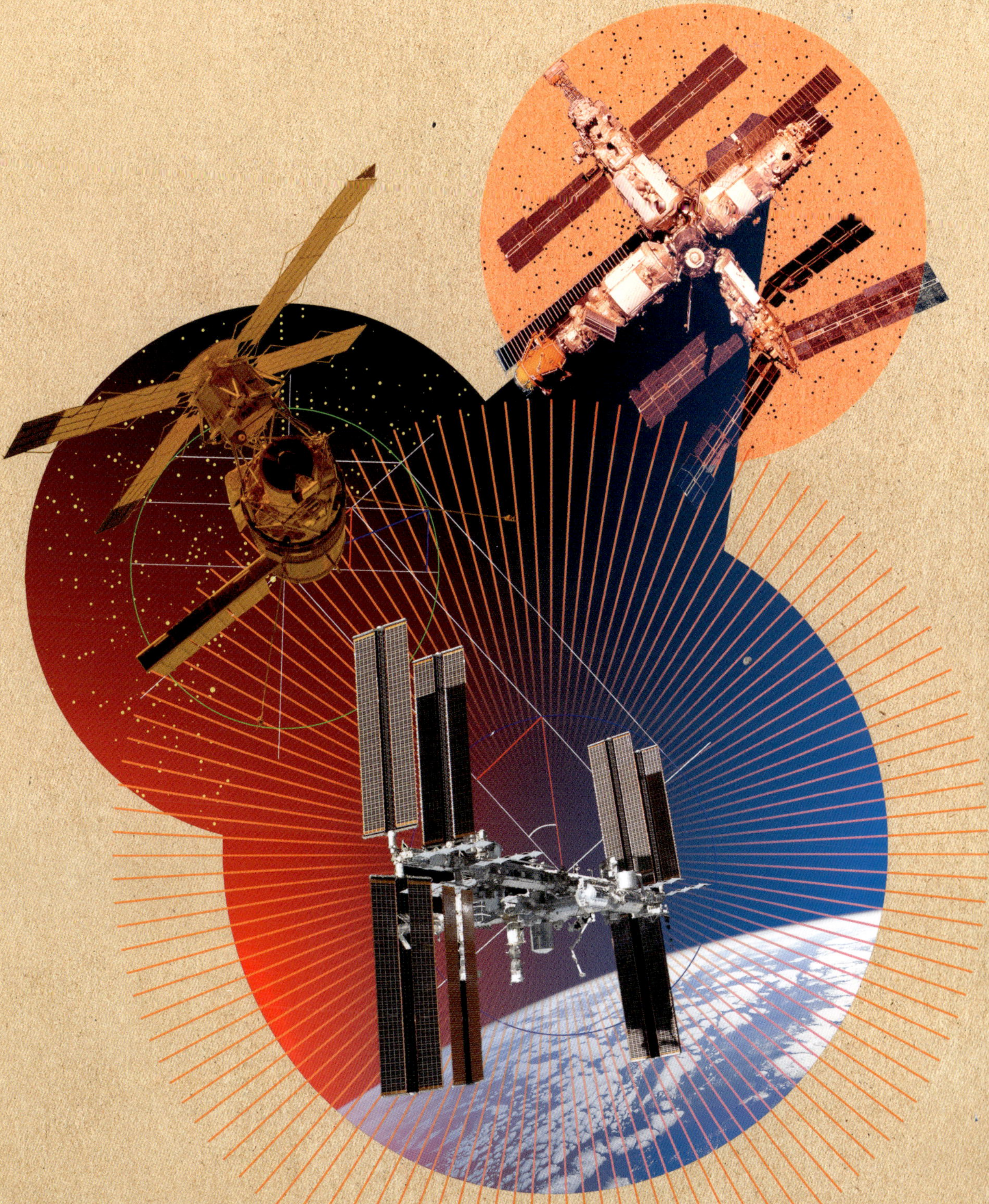

2. Juni 1930
Geboren in Philadelphia im US-Bundesstaat Pennsylvania.

1953
Abschluss seines Bachelorstudiums der Luftfahrttechnik an der Princeton University.

1958
Macht seinen Abschluss an der Testpilotenschule der US-Marine.

1962
Wurde im zweiten Anlauf in die Astronautengruppe der NASA aufgenommen.

1965
Fliegt *Gemini V* ins All und umkreist in acht Tagen 120-mal die Erde.

1966
Ist als Kommandant von *Gemini XI* drei Tage im All und führt erstmals eine Ankopplung in der ersten Erdumrundung durch.

1969
Fliegt als Kommandant von *Apollo XII* zum Mond. Betritt am 19. November als dritter Mensch die Oberfläche des Mondes.

1973
Wird Kommandant der ersten bemannten Mission auf der Raumstation *Skylab*. Bleibt 28 Tage und hat während dieser Zeit zwei Außenbordeinsätze.

1978
Wird mit der Ehrenmedaille *Congressional Space Medal of Honor* ausgezeichnet.

8. Juli 1999
Stirbt an den Verletzungen, die er sich bei einem Motorradunfall in der Nähe von Ojai in Kalifornien zugezogen hatte.

PETE CONRAD

Charles Peter „Pete" Conrad jr.

hat zwei Rekordaufenthalte im All absolviert: Erstmals 1965, als er mit gemeinsam mit Gordon Cooper an Bord der *Gemini V* fast acht Tage im Weltraum verbrachte. Dann erneut im Jahr 1973, auf der Mission *Skylab 2* mit Joseph Kerwin und Paul Weitz, wo er 28 Tage blieb. Während seiner Zeit als Astronaut verbrachte er vier Missionen und 49 Tage im Weltraum, länger als alle Astronauten vor ihm. Ironischerweise wurde Conrad bei seiner ersten Bewerbung von der NASA abgelehnt, weil man ihn für den Einsatz auf langen Missionen für ungeeignet hielt.

Vielleicht war Conrads unkonventionelle Einstellung zum Beruf des Astronauten der Grund, dass seine Tauglichkeit anfangs unterschätzt wurde. Im Gegensatz zu Neil Armstrong und Buzz Aldrin, den ersten Menschen auf dem Mond und den archetypischen würdevollen Raumfahrern jener Zeit, war Conrad weniger ernsthaft und ehrfürchtig, was seine Rolle und seine Pflichten anging. Als Kommandant von *Apollo XII* war er die dritte Person, die den Mond betrat. Seinen letzten Schritt von der Leiter des Landers kommentierte er: „Juhu! Mann, das war vielleicht ein kleiner für Neil, aber ein großer für mich." Als er den Mondboden berührte, rief er aus: „Oh, ist das weich und komisch!" Der witzige Sprücheklopfer war selbstverständlich ein ausgemachter Profi, der schon als Jugendlicher den Pilotenschein erworben hatte. Aufgrund seiner Legasthenie fiel er jedoch in der elften Klasse durch und musste seine renommierte Privatschule verlassen. Unbeirrt wechselte er an eine andere Schule, wo ihm die systemischen Lernmethoden zu schulischen Erfolgen verhalfen. Er wurde an der Princeton University angenommen und erhielt nach seinem Abschluss eine Ernennung zum Marineoffizier. Er arbeitete als Kampfpilot, Testpilot und Fluglehrer, bis er 1962 von der NASA in die neunköpfige zweite Astronautengruppe aufgenommen wurde.

Nach seiner Mondmission leitete Conrad noch einmal einen Raumflug – am 25. Mai 1973 zur lädierten Raumstation *Skylab*, die elf Tage zuvor beim Start beschädigt worden war. Conrad und die anderen Besatzungsmitglieder verbrachten vier Wochen im All und reparierten die Raumstation, sodass sie wieder sicher für längere bemannte Missionen war. Die Astronauten widmeten auch hunderte Stunden der Forschung und sammelten unter anderem medizinische Daten über sich selbst. Der Erfolg der Mission führte zu zwei weiteren bemannten Skylab-Missionen – die Wegbereiter für das Leben im All, wie es heute auf der Internationalen Raumstation abläuft.

DESTINATIONEN DER RAUMFAHRT

DESTINATIONEN DER RAUMFAHRT
GLOSSAR

Asteroid Ein kleiner, felsiger Körper im All. Früher bezeichnete man damit jedes bewegliche Objekt im Sonnensystem, das durch ein Teleskop nicht wie eine Scheibe aussah.

Astrobiologie Eine Wissenschaft, die sich mit der Entstehung, dem Überleben und der Evolution des Lebens im All beschäftigt.

Biosphäre Der Bereich auf der Erde (oder anderen Planeten), in dem es Leben gibt.

Cassini Eine NASA-Mission zum Saturn, die 1997 begann. Der Cassini-Orbiter blieb in der Saturn-Umlaufbahn, während die Huygens-Sonde im Jahr 2004 auf dem Saturnmond Titan landete. Die Mission endete 2017 mit dem Flug des Orbiters in den Saturn.

erdnahe Umlaufbahn Eine Umlaufbahn um die Erde, die in eine Höhe von bis zu 2000 km reicht, bzw. ein Umlauf von unter 128 Minuten. Die meisten Satelliten (auch die ISS) befinden sich in der erdnahen Umlaufbahn.

Gleichgewichtstemperatur Die Temperatur eines Planeten, der nicht wärmer oder kälter wird. Sie wird aus der eingebrachten und abgegebenen Energie berechnet.

Klimawandel auf der Venus Der Planet Venus ist von dichten Wolken umgeben, wodurch ein galoppierender Treibhauseffekt entstand und die durchschnittliche Oberflächentemperatur auf über 400 °C angestiegen ist.

Komet Ein kleiner, eisiger Körper im All. Wenn sich Kometen der Sonne nähern, werden sie aufgeheizt und es kommt zur Sublimation (oder Ausgasung) des Eises. Der Lichtschweif, der dabei entsteht, ist manchmal sogar mit bloßem Auge von der Erde aus sichtbar.

Lowell-Observatorium Eine Sternwarte in Flagstaff im US-Bundesstaat Arizona. Sie wurde für ihre Entdeckung des Pluto bekannt und ist eines der ältesten astronomischen Observatorien der USA, das historische und wissenschaftliche Teleskope beherbergt.

Magellan-Sonde Eine NASA-Mission zur Venus (1989-1994). Die Raumsonde kartierte mithilfe von Radar- und Gravitationsmessung die Oberfläche des Planeten.

Mariner-Programm Eine Reihe von NASA-Missionen zu den Planeten Merkur, Venus und Mars (1962–1973). Von zehn gestarteten Raumsonden waren sieben erfolgreich und erreichten u. a. den ersten Vorbeiflug an einem Planeten, den ersten Umlauf um einen Planeten und das erste Swing-by-Manöver.

Mars Science Laboratory (MSL) Die Mission, die den Rover *Curiosity* auf den Mars brachte.

Mars-Landungen: Skycrane, stationäre Sonde, Lande-Airbag, Helikopterdrohne Zum Zeitpunkt des Schreibens dieses Buchs waren neun Missionen erfolgreich auf dem Mars gelandet – vier Rover und fünf stationäre Sonden. Zum Landen nutzte man u. a. den Skycrane (eine schwebende Plattform, die den Rover absenkte) und einen Lande-Airbag. Aktuell ist die Mission „Mars 2020" im Gange, zu der auch eine Helikopterdrohne gehört.

Messenger (Merkur-Raumsonde) Eine NASA-Mission zum Merkur (2004–2015). Die Sonde führte mehrere Vorbeiflüge an Erde, Venus und Merkur durch, bevor sie 2011 als erstes künstliches Objekt in die Umlaufbahn des Merkur gebracht wurde.

NACA Das *National Advisory Committee for Aeronautics*, gegründet 1915, war der Vorläufer der Raumfahrtbehörde NASA (*National Aeronautics and Space Administration*), durch die es 1958 ersetzt wurde.

New Horizons Eine NASA-Mission zum Pluto, die 2006 gestartet wurde. Als dieses Buch geschrieben wurde, befand sich die Raumsonde noch im äußeren Sonnensystem (wenn auch meist im Ruhezustand). Sie war die einzige Sonde, die bisher zu Pluto flog (Vorbeiflug im Jahr 2015). Im Jahr 2019 passierte sie das Kuipergürtelobjekt Arrokoth. Weitere Vorbeiflüge sind geplant.

Spektrometer Ein Gerät, das Licht als Spektrum (Regenbogen) verdeutlicht. Jedes Material hat eine eigene spektrale Signatur, aus der Astronomen ablesen können, aus welchem Material entfernte astronomische Objekte bestehen.

Transit (Durchgang) Wenn ein innerer Planet (Merkur oder Venus) zwischen Erde und Sonne vorbeizieht. Diese Ereignisse sind vorhersagbar, aber selten, und waren von historischer Bedeutung (z. B. die Venusdurchgänge 1761 und 1769), um die Größe des Sonnensystems zu messen. Der nächste Merkurtransit findet im November 2032 statt, der nächste Venustransit im Dezember 2117.

Venera-Programm Mehrere sowjetische Missionen zur Venus (1961-1984). Insgesamt gelangten 13 Raumsonden in die Atmosphäre der Venus, zehn davon landeten auf dem Planeten. Aufgrund der extremen Hitze und des hohen Drucks auf der Oberfläche hielt kein Lander länger als zwei Stunden durch.

Venus Express Die erste Raumsonde der Europäischen Weltraumbehörde (ESA), die zur Venus geschickt wurde. Von 2005–2014 erforschte sie die Atmosphäre der Venus.

Voyager 2 *Siehe Seite 73.*

DIE WAHL DER ZIELE

30-Sekunden-Orbit

Die ersten Reisen in den Weltraum geschahen im Rahmen des „Wettlaufs ins All". Die Motivation dahinter belief sich letzten Endes auf die Frage: Wie konnte man diesen oder jenen Ort noch vor der Konkurrenz erreichen? Im Nachhinein war diese Strategie sinnvoll, denn wir Menschen hatten uns noch nie zuvor aus dem schützenden Kokon der Erdatmosphäre hinausbewegt, sodass jeder Erfolg im Weltraum ein Meilenstein war. Doch irgendwann war ein Flug in die erdnahe Umlaufbahn nichts Besonderes mehr und das nächste logische Ziel war unser Nachbar, der Mond, auf den wir im Jahr 1969 Fuß setzten. Um die nächstgelegenen Himmelskörper zu erreichen, müssen jedoch tatsächlich gewaltige Sprünge gemacht werden: Venus und Mars sind selbst auf dem kürzesten Weg über hundertmal weiter entfernt als der Mond, und bis jetzt besitzen wir weder die Technologien noch den Willen, Menschen zu diesen Planeten zu schicken und wieder sicher zur Erde zurückzubringen. Unsere Ausflüge zu Destinationen jenseits des Mondes unternehmen daher nur unsere ferngesteuerten Vertreter, die Raumsonden, die als unsere Augen, Ohren, Hände und Füße dienen. Da das Forschungsbudget begrenzt ist, müssen die heutigen Weltraumbehörden abwägen, welche Ziele sich wirklich lohnen und ob wir sie in einer vertretbaren Zeitspanne erreichen können.

3-SEKUNDEN-START

Bei der Wahl der Ziele für Weltraummissionen wird abgewogen, wie groß der Aufwand ist und welchen Nutzen die Mission bringt.

3-MINUTEN-LANDUNG

Die leistungsstärksten Raketen, die es aktuell gibt, können in etwa acht Stunden zum Mond fliegen. Doch selbst mit dieser Geschwindigkeit brauchte die Raumsonde *New Horizons* neuneinhalb Jahre, um den Pluto zu erreichen. Erst in über einem Jahrzehnt mehr wird sie unser Sonnensystem verlassen. Sie wäre über 50 Jahrtausende unterwegs, um den sonnennächsten Stern zu erreichen – der 40 Billionen Kilometer von der Erde entfernt ist.

VERWANDTE THEMEN

Siehe auch

DIE APOLLO-MONDLANDUNG
Seite 62

MERKUR UND VENUS
Seite 120

DER MARS UND DIE SUCHE NACH LEBEN
Seite 122

3-SEKUNDEN-BIOGRAFIE

HUGH DRYDEN
1898–1965
Ein amerikanischer Wissenschaftler auf dem Gebiet der Luftfahrt und Direktor des NACA (dem Vorläufer der Weltraumbehörde NASA). Er soll US-Präsident John F. Kennedy geraten haben, Menschen auf den Mond zu schicken.

Der Mond und die Planeten unseres Sonnensystems sind die Hauptziele der Weltraumforschung

MERKUR UND VENUS: VERBRANNTE WELTEN

30-Sekunden-Orbit

Die US-Raumsonde *Mariner 10* flog in den Jahren 1974 und 1975 dreimal am Merkur vorbei. Dieser Planet ist der Sonne am nächsten und er ist auch der kleinste im Sonnensystem – nur halb so groß wie unser Mond. Wie vermutet war er trocken und ohne jegliche Spur von Leben. Seine Oberfläche war von der erbarmungslosen Hitze der Sonne komplett ausgedörrt worden. Bereits in den Jahren zuvor hatten mehrere Raumsonden die Venus angeflogen, erst die sowjetische *Venera 1* im Jahr 1961, dann im darauffolgenden Jahr die amerikanische Sonde *Mariner 2*. Wissenschaftler hatten spekuliert, dass es unter der dichten Wolkendecke der Venus häufig regnete oder sogar eine bewohnbare Biosphäre geben könnte. Überraschenderweise stellte sich die Oberfläche der Venus aber als noch heißer und trockener als jene des Merkurs heraus – und der Atmosphärendruck war noch höher als der Wasserdruck auf der Erde in einer Meerestiefe von 0,8 km. Der Grund dafür war ein drastischer Klimawandel auf der Venus – ein sogenannter galoppierender Treibhauseffekt. Der Anteil an Kohlendioxid in der Atmosphäre ist so hoch, dass die Gleichgewichtstemperatur auf der Oberfläche 430 °C beträgt – eine Temperatur, bei der manche Metalle schmelzen. Merkur und Venus bleiben jedoch wichtige Ziele der Forschung, denn sie liefern geologische und ökologische Beispiele für die Auswirkungen, die übermäßige Hitze auf Gesteinsplaneten wie die Erde haben könnte.

3-SEKUNDEN-START

Die zwei innersten Planeten sind zu heiß, um bewohnbar zu sein: Merkur, weil er so nahe an der Sonne liegt, und die Venus aufgrund von Treibhausgasen.

3-MINUTEN-LANDUNG

Objekte in der Umlaufbahn des Merkur werden von der Gravitation der nahen Sonne so stark beeinflusst, dass sie ohne ständige Korrekturen schnell weggerissen würden. Erst im Jahr 2011 wurde der Merkur erstmals von einer Raumsonde (*Messenger*) erfolgreich umrundet. Zuvor gab es schon mehrere Venus-Missionen, unter anderem mit den sowjetischen Landesonden *Venera* (1966 bis 1970), dem Orbiter *Venera 9* (1975), der amerikanischen Radarsonde *Magellan* (1990) und der Sonde *Venus Express* der Europäischen Weltraumbehörde (2006).

VERWANDTE THEMEN

Siehe auch
FREMDE WELTEN
Seite 16

DIE WAHL DER ZIELE
Seite 118

DER MARS UND DIE SUCHE NACH LEBEN
Seite 122

3-SEKUNDEN-BIOGRAFIEN

PIERRE GASSENDI
1592–1655
Französischer Astronom, der am 7. November 1631 erstmals einen Merkurtransit beobachtete.

JEREMIAH HORROCKS UND WILLIAM CRABTREE
1618–1641 und 1610-1644
Englische Astronomen, die am 24. November 1639 erstmals einen Venustransit vor der Sonne beobachteten.

Die Raumsonden, die zu Merkur und Venus geschickt wurden, fanden heraus, dass diese Planeten viel zu heiß für menschliches Leben sind.

DER MARS UND DIE SUCHE NACH LEBEN

30-Sekunden-Orbit

Schon lange ist der Mars ein Teil der Mythologie. Heute ist er auch ein Forschungsobjekt der Astrobiologie und Ziel der Raumfahrt. Er ist relativ leicht zu erreichen: Der Flug in eine Richtung dauert nur neun Monate. Seine Nähe zur Erde bedeutet, dass er auch ausreichend Sonnenlicht abbekommt, wodurch seine Oberfläche fast so warm ist wie die Polargebiete der Erde. Unter der Marsoberfläche gibt es große Mengen an Wassereis, das man für den menschlichen Gebrauch schmelzen könnte, und ein Tag auf dem Mars ist nur 40 Minuten länger als einer auf der Erde. Leider ist die Luft auf dem Mars äußerst dünn und besteht fast nur aus Kohlendioxid. Es gibt also keinen Sauerstoff zum Atmen und die Oberfläche ist gefährlicher Strahlung aus dem Weltraum und von der Sonne ausgesetzt. Aus diesem Grund wird der Mars vorläufig nur von Satelliten aus allen möglichen Ländern umkreist und von amerikanischen Rovern auf der Oberfläche untersucht – unter anderem von dem mobilen Forschungslabor *Curiosity*. Es verfügt über Kameras als Augen, Bohrer und Greifer als Hände, ein Fahrwerk als Beine und Spektrometer zum „Beschnuppern" der Luft. Werden wir uns eines Tages neben diesen Roboterfahrzeugen auf dem Mars bewegen? Die Kosten für eine bemannte Marsmission betragen weit über 500 Milliarden Dollar. Außerdem wird die Technologie dafür wohl erst in zwei Jahrzehnten soweit sein.

3-SEKUNDEN-START

Der Mars hat einige Eigenschaften, die ihn zu einem potenziell bewohnbaren Planeten machen.

3-MINUTEN-LANDUNG

Viele Staaten versuchten bereits, auf dem Mars zu landen, unter anderem Russland, Japan und Großbritannien. Bis jetzt ist es jedoch erst den USA gelungen, Sonden und Rover auf dem roten Planeten erfolgreich einzusetzen, und das mit unterschiedlichen Methoden, von weichen Landungen stationärer Sonden (*Viking*) bis zu Lande-Airbags (*Spirit* und *Opportunity*) und dem raketengetriebenen Absenk-Komplex Skycrane (*Curiosity*).

VERWANDTE THEMEN

Siehe auch
DIE WAHL DER ZIELE
Seite 118

MERKUR UND VENUS
Seite 120

DIE BESIEDLUNG DES SONNENSYSTEMS
Seite 142

3-SEKUNDEN-BIOGRAFIEN

GIOVANNI SCIAPARELLI
1835–1910
Ein italienischer Astronom und Wissenschaftshistoriker, der glaubte, „Kanäle" auf dem Mars entdeckt zu haben.

PERCIVAL LOWELL
1855–1916
Ein amerikanischer Astronom und Gründer des Lowell-Observatoriums. Er richtete das Forschungsinteresse auf den Mars und auf die Suche, die schließlich zur Entdeckung des Pluto führte.

Seit Jahrzehnten erkunden mobile Roboter die Oberfläche des Mars und suchen nach Spuren außerirdischen Lebens.

ASTEROIDEN UND KOMETEN

30-Sekunden-Orbit

Vor rund 65 Millionen Jahren prallte ein Komet oder Asteroid von 20 Kilometern Durchmesser mit einer Geschwindigkeit von über 50.000 km/h auf die Erde. Dieser vernichtende Schlag führte zum Aussterben der Dinosaurier. Ereilt uns Menschen eines Tages ein ähnliches Schicksal? Schließlich brausen schätzungsweise eine Million Asteroiden und Kometen durch die Umlaufbahn der Erde. Um die Gefahr abschätzen und gegebenenfalls abwenden zu können, werden Flugkörper ins All geschickt, die diese kosmischen Geschosse vermessen und beobachten. Auf verschiedenen Missionen, etwa mit der Raumsonde *Dawn* zu den großen Asteroiden Vesta (2011) und Ceres (2015) oder mit *Deep Impact* (2005) und *Stardust-NExT* (2011) zum Kometen Tempel 1, fand man heraus, dass Asteroiden und Kometen zwar viel kleiner als Planeten, aber dennoch komplex aufgebaut sind und geologische Strukturen aufweisen. Manche Asteroiden enthalten wahrscheinlich größere Mengen von wertvollen Materialien, die auf der Erde nur selten vorkommen. Einige visionäre Unternehmer sprechen sogar schon vom zukünftigen Rohstoffabbau auf solchen Asteroiden – die man aber erst nahe genug an die Erde ziehen müsste, um sie wirtschaftlich nutzen zu können. Solche Szenarien liegen noch Jahre in der Zukunft, könnten uns aber eines Tages mit riesigen Mengen an seltenen Elementen versorgen, ohne dass wir dafür die Erde ausbeuten müssen.

3-SEKUNDEN-START

Die wirtschaftliche Nutzung von Kleinkörpern im Sonnensystem könnte eines Tages die Erde retten.

3-MINUTEN-LANDUNG

Astronomen glauben, dass wir einen Asteroideneinschlag verhindern könnten, wenn wir etwa zehn Jahre Zeit haben, uns darauf vorzubereiten. Die Abwehr mithilfe einer Atombombe, wie man sie aus Hollywood-Filmen kennt, wäre in Wirklichkeit aber keine gute Idee:, denn wir würden von einem Hagel aus kleineren Gesteinsbrocken erschlagen. Stattdessen müsste erst die Struktur des Asteroiden bestimmt (ob er z. B. ein Gesteinsbrocken oder ein Haufen Geröll ist) und der Himmelskörper dann langsam aus seiner Bahn geschoben oder gezogen werden.

VERWANDTE THEMEN

Siehe auch
DIE WAHL DER ZIELE
Seite 118

JUPITER UND SEINE MONDE
Seite 126

3-SEKUNDEN-BIOGRAFIEN

EDMOND HALLEY
1656–1742
Ein englischer Astronom und Universalgelehrter. Er war der erste Mensch, der bewies, dass Kometen Himmelskörper sind und sich auf einer Bahn um die Sonne bewegen.

EUGENE SHOEMAKER
1928–1997
Ein amerikanischer Astrogeologe und ein Pionier der Impaktforschung. Nach seinem Tod wurde seine Asche auf dem Mond bestattet.

Im Jahr 2001 landete die Raumsonde* NEAR Shoemaker *auf 433 Eros, nachdem sie die Bahn dieses ungewöhnlich geformten Asteroiden erkundet hatte.

JUPITER UND SEINE MONDE

30-Sekunden-Orbit

Jupiter ist massereicher als alle Planeten, Monde und Asteroiden im Sonnensystem zusammengenommen. Wie die Sonne besteht auch der Jupiter fast nur aus Gasen. Es gibt keine feste Oberfläche, auf der ein Raumfahrzeug landen könnte. Auch die nächstgelegene flüssige Wasserstoffschicht unter der Wolkendecke des Jupiters wäre keine Möglichkeit: Aus Beobachtungen der Raumsonde *Juno* ging hervor, dass diese Schicht 3000 km tief ist und der Druck der Atmosphäre dort jedes irdische Flugobjekt zermalmen würde. Der Jupiter ist das Zentrum eines Systems aus über 60 bisher bekannten Monden, die ihn umkreisen. Die meisten sind kleine Objekte, die im Vorbeiflug von der starken Gravitation des Planeten angezogen wurden. Die vier größten Monde bildeten sich aber vermutlich ungefähr zeitgleich zu seiner Entstehung in seiner Umlaufbahn. Jeder von ihnen hat einen Durchmesser von tausenden Kilometern – interessante Ziele für die Raumfahrt, denn seit 1973 zeigen uns die Raumsonden *Pioneer 10*, *Pioneer 11*, *Voyager 1*, *Voyager 2*, *Galileo* und andere, dass es auf diesen „galileischen" Monden – Io, Europa, Ganymed und Kallisto – zahlreiche Naturphänomene gibt, die man erforschen könnte: riesige Vulkane, Gebirge, Eislandschaften und vielleicht sogar lebensspendende Ozeane tief unter der Oberfläche.

3-SEKUNDEN-START

Zwar kann kein Raumfahrzeug auf dem Jupiter landen, aber seine Monde sind interessante Ziele.

3-MINUTEN-LANDUNG

Das Magnetfeld des Jupiters ist etwa 20-mal stärker und tausendmal größer als jenes der Erde. Es reicht viele Millionen Kilometer über den Planeten hinaus. Eine bemannte Mission zu einem der Jupitermonde müsste der Besatzung an Bord während der jahrelangen Reise ausreichend Schutz bieten – nicht nur vor Sonnenstürmen und der kosmischen Strahlung, sondern auch vor der Strahlung der Jupiter-Magnetosphäre.

VERWANDTE THEMEN

Siehe auch
MERKUR UND VENUS
Seite 120

DER MARS UND DIE SUCHE NACH LEBEN
Seite 122

DIE BESIEDLUNG DES SONNENSYSTEMS
Seite 142

3-SEKUNDEN-BIOGRAFIE

GALILEO GALILEI
1564–1642
Ein italienischer Astronom und Entdecker der vier größten Jupitermonde. Er wird oft als erster Naturwissenschaftler der Welt angesehen.

Die galileischen Monde des Jupiters – Io, Europa, Ganymed und Kallisto – sind lohnenswerte Destinationen für die Raumfahrt.

SATURN: SCHÖNHEIT IM ALL

30-Sekunden-Orbit

Läge der Saturn nicht so weit von der Erde entfernt, wäre er das beliebteste Touristenziel des Sonnensystems. Seine Ringe bestehen aus Billionen Partikeln, deren Größe von staubklein bis hausgroß reicht und die das Sonnenlicht glitzernd reflektieren. Innerhalb der Ringe interagieren die Partikel mit kleinen Monden, von denen einige nur wenige Kilometer groß sind und die Materialbrocken auf säuberlich geordnete Wege in Bogen-, Schleifen- und Wirbelform lenken. Unter den vielen Monden des Saturn fällt der Titan auf. Er ist größer als der Planet Merkur und umgeben von einer stickstoffreichen Atmosphäre, die an der Oberfläche dichter als jene der Erde ist. Diese Eigenschaft machte sich die Raumsonde *Huygens* im Januar 2005 zunutze, als sie mithilfe von Fallschirmen sanft landete und faszinierende Fotos zur Erde sandte: von eisigen Küsten, flüssigen Methan- und Ethanseen und sogar Felsen und Steinen, die Wind und Wetter rundgeschliffen hatten. Der Orbiter *Cassini* flog 2004 bis 2017 durch die Ringe und an den Monden vorbei und sammelte dabei zahlreiche Fotos, die belegen, dass der Saturn der wohl schönste Planet im Sonnensystem ist. Leider ist er für eine bemannte Mission zu weit entfernt. Die Cassini-Huygens-Sonden brauchten fast sieben Jahre, um an ihr Ziel zu gelangen, und im Gegensatz zu einer menschlichen Crew mussten sie nicht noch einmal so lang nach Hause fliegen.

3-SEKUNDEN-START

Die Ringe und Monde des Saturn machen ihn zu einem interessanten Ziel für die Forschung. Seine Schönheit zieht uns in seinen Bann.

3-MINUTEN-LANDUNG

Astronomen waren überrascht, als *Cassini* die Fotos und Maße des kleinen Saturnmonds Enceladus übermittelten: Der nur 500 km kleine Himmelskörper hat eine dynamische Eiskruste, flüssiges Wasser und riesige Geysire, die Eisstaub in den Weltraum schleudern. Einst hielt man ihn für zu klein, um so aktiv zu sein, aber mittlerweile gilt Enceladus als einer jener Orte im Sonnensystem, an dem außerirdisches Leben am ehesten möglich ist.

VERWANDTE THEMEN

Siehe auch
MERKUR UND VENUS
Seite 120

DER MARS UND DIE SUCHE NACH LEBEN
Seite 122

JUPITER UND SEINE MONDE
Seite 126

3-SEKUNDEN-BIOGRAFIEN

CHRISTIAAN HUYGENS
1629–1695
Ein niederländischer Astronom und Physiker, der erstmals die Ringe des Saturn korrekt erklärte und den Saturnmond Titan entdeckte.

GIOVANNI DOMENICO CASSINI
1625–1712
Ein italienisch-französischer Astronom, der vier Saturnmonde und die größte Lücke in den Saturnringen entdeckte.

Die Schönheit der glitzernden Ringe des Saturn wird durch jene seiner Monde Titan und Enceladus vielleicht noch übertroffen.

URANUS, NEPTUN UND DARÜBER HINAUS

30-Sekunden-Orbit

Der Uranus ist drei Milliarden Kilometer von der Erde entfernt. Der Neptun liegt 1,5 Milliarden Kilometer hinter Uranus und der Zwergplanet Pluto ist noch viel weiter weg. Die kalten äußeren Planeten befinden sich schon so weit von der Sonne entfernt, dass viele Wissenschaftler lange glaubten, dass sich auf ihnen und in ihrer Umgebung nicht mehr viel abspielen kann. Aber weit gefehlt: Vorbeiflüge der Raumsonden *Voyager 2* an Uranus und Neptun und *New Horizons* an Pluto enthüllten, dass das äußere Sonnensystem eine bemerkenswerte Dynamik besitzt. Stürme in der Atmosphäre von Uranus und Neptun sind oft so groß wie ein ganzer Kontinent auf der Erde und viel stärker als jeder irdische Hurrikan. Auf dem Uranusmond Miranda, mit einem Durchmesser von 470 km, gibt es extreme geologische Strukturen, unter anderem die größte bekannte Klippe im Sonnensystem, die 12-mal so hoch ist wie der 1,6 km tiefe Grand Canyon. Der größte Neptunmond Triton weist vulkanische und tektonische Aktivitäten auf, ähnlich wie jene der Erde, aber mit Wasser und Ammoniak statt flüssigem Gestein im Inneren. Der Pluto ist noch kleiner als Triton, wird aber von fünf Monden umkreist. Er hat eine fast erdähnliche Topografie, geprägt durch Berge aus Eis, Ebenen aus Stickstoff und kohlschwarze Flecken (sogenannte „Maculae"), wie zum Beispiel den 3000 km langen „Wal" (genannt „Cthulhu"), der sich über seinen Äquator erstreckt.

3-SEKUNDEN-START

Selbst in den entferntesten Ecken des Sonnensystems, wo es kalt und dunkel ist, befinden sich faszinierende Ziele für die Raumfahrt.

3-MINUTEN-LANDUNG

Trotz Temperaturen im dreistelligen Minusbereich gibt es auf den äußeren Planeten Wetterphänomene und geologische Strukturen, was darauf hinweist, dass es dort außer der Sonne noch eine andere Energiequelle geben muss, die diese Himmelskörper antreibt. Vermutlich wird durch Kollisionen oder Gezeitenkräfte zwischen ihnen und anderen Objekten im äußeren Sonnensystem Energie erzeugt, aber der genaue Mechanismus ist noch unbekannt.

VERWANDTE THEMEN

Siehe auch
DIE WAHL DER ZIELE
Seite 118

WELTRAUMTOURISMUS
Seite 140

DIE BESIEDLUNG DES SONNENSYSTEMS
Seite 142

3-SEKUNDEN-BIOGRAFIEN

WILHELM HERSCHEL
1738–1822
Ein deutsch-britischer Astronom, der 1781 den Planeten Uranus entdeckte.

CLYDE TOMBAUGH
1906–1997
Ein amerikanischer Astronom, der 1930 den Pluto entdeckte.

Die Raumsonde* New Horizons *flog auf ihrem Weg zum Zwergplaneten Pluto und seinen fünf Monden an Uranus und Neptun vorbei.

9. November 1934
Geboren im New Yorker Stadtteil Brooklyn.

1960
Promoviert in Astronomie an der University of Chicago.

1961
Beginnt seine Arbeit an *Mariner 2*, der ersten Raumsonde, die einen fremden Planeten erreichte: die Venus.

1963–1968
Arbeitet als Assistenzprofessor an der Universität Harvard.

1968
Wird Professor an der Cornell University, wo er bis zu seinem Tod bleibt.

1974
Ist Mitautor der „Arecibo-Botschaft“, die ins All gesendet wird und Informationen über die Erde enthält.

1980
Premiere seiner Fernsehserie *Cosmos* (dt.: *Unser Kosmos*).

1983
Ist Mitautor der „TTAPS-Studie“ (benannt nach den Initialen der fünf Autoren), die vor einem nuklearen Winter warnt.

1985
Veröffentlicht den erfolgreichen Science-Fiction-Roman *Contact*.

1994
Veröffentlicht das Buch *Blauer Punkt im All. Unsere Heimat Universum*.

20. Dezember 1996
Stirbt nach einer Knochenmarkserkrankung im Alter von 62 Jahren an einer Lungenentzündung.

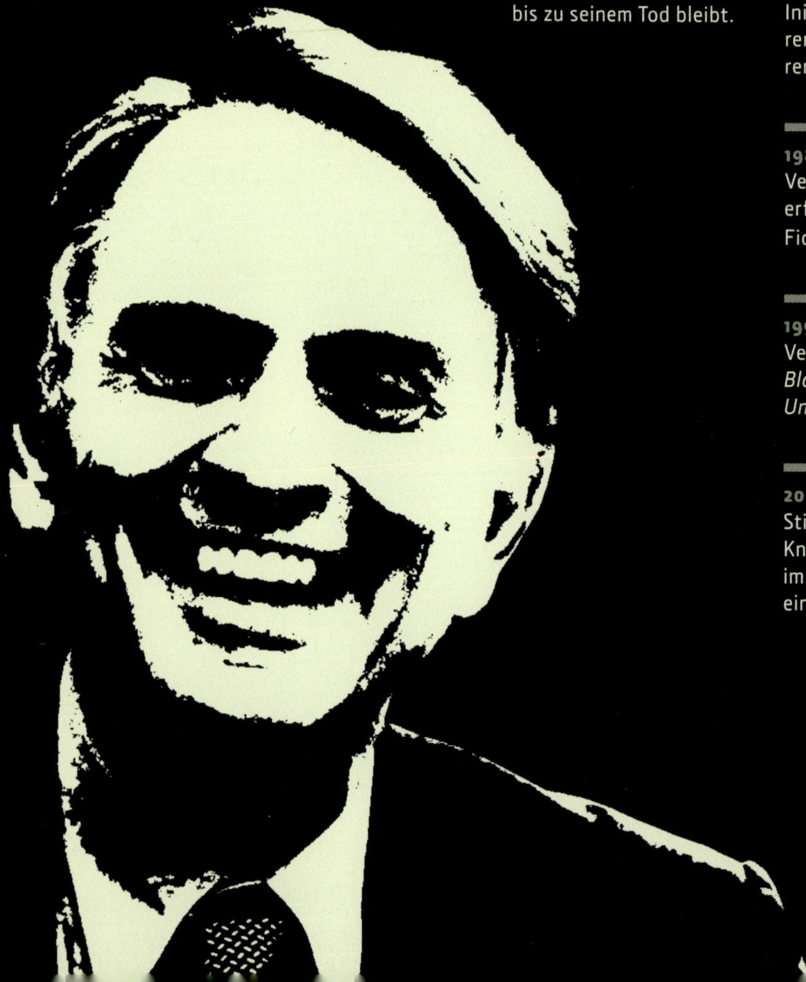

CARL SAGAN

Forscher, Autor und Inspiration von Millionen Menschen – oder wie er sagen würde: „Milliarden und Abermilliarden“ –, das war Carl Sagan. Er wurde 1934 in Brooklyn im US-Bundesstaat New York geboren und arbeitete im Laufe seiner Karriere an einer ganzen Reihe verschiedener Projekte. Er war er ein Spezialist für Raumsonden, die das Sonnensystem erkundeten und wirkte unter anderem an den Missionen *Mariner* (Venus), *Viking* (Mars), *Galileo* (Jupiter) und *Voyager* (äußere Planeten) mit. Außerdem war er Co-Designer der Pioneer-Plaketten, die eine Botschaft der Menschheit an das Universum enthielten und an Bord der ersten Sonden, die in das äußere Sonnensystem und den interstellaren Raum flogen, ins All gebracht wurden. Ihr Nachfolger, die goldene Datenplatte der Voyager-Sonden, wurde von einem Team unter der Leitung von Sagan entworfen. Auf den Plattenrillen gespeichert waren Bilder aus dem Alltag der Menschen, Grüße in 55 Sprachen, Wahrzeichen der Welt, normale Häuser sowie Darstellungen von Menschen, die essen, trinken, einkaufen, spielen und im Weltraum spazieren.

Zu Sagans weitreichenden Interessen gehörten die wissenschaftliche Suche nach außerirdischem Leben und die Besiedelung fremder Planeten durch den Menschen. Als Doktorand arbeitete er sogar an einem geheimen Militärprojekt, das zum Ziel hatte, eine Atombombe auf den Mond zu werfen. Sagan sollte eine astronomische Rechtfertigung für so eine Machtdemonstration des Kalten Krieges finden. In späteren Jahren war er jedoch ein bekennender Umweltschützer und Atomgegner, auch als Mitautor einer Studie, die ein Modell zu den Auswirkungen eines „nuklearen Winters“ erstellte.

Am besten bekannt ist Sagan jedoch wohl als Moderator der preisgekrönten Fernsehserie *Unser Kosmos*, die erstmals 1980 in den USA ausgestrahlt wurde. Darin führt er die Zuschauer durch Raum und Zeit und vermittelt ihnen auf transparente Weise Astronomie, Physik und die Geschichte der Wissenschaft. Er hatte das Talent, ein Interesse an der Forschung zu wecken und wissenschaftliche Themen einer breiten Öffentlichkeit nahezubringen. Auf diese Weise entfachte er in der jungen Generation jener Zeit die Faszination für die Geheimnisse des Universums. Ein wiederkehrendes Segment der Serie war das „Raumschiff der Vorstellung“, das den Weltraum in die heimischen Wohnzimmer brachte, aber auch zum Nachdenken über unseren eigenen Planeten anregte. Es war Sagan, der verlangte, dass die Raumsonde *Voyager 1* ihre Kamera vom Rand des Sonnensystems auf die ferne Erdkugel schwenkte und aus einer Entfernung von 6 Milliarden Kilometern ein Foto des berühmten „blassblauen Punkts im All“ machte. Diese Perspektive, die unsere Welt in einem Universum voller Wunder zeigt, ist vielleicht Sagans wichtigstes Vermächtnis.

DIE ZUKUNFT DER RAUMFAHRT

DIE ZUKUNFT DER RAUMFAHRT
GLOSSAR

Agar Eine gallertartige Substanz, die in Laboren als Nährmedium für Bakterienkulturen und andere Mikroben verwendet wird.

Akatsuki-Venussonde Eine japanische Raumsonde, die im Mai 2010 startete und im Jahr 2015 als erste Sonde aus Asien in den Venus-Orbit eintrat.

Asteroidengürtel (Auch Hauptgürtel oder Planetoidengürtel genannt.) Ein Bereich im Sonnensystem, der zwischen den Planetenbahnen von Mars und Jupiter liegt und in dem sich die meisten Asteroiden befinden.

Blue Origin Ein privates US-amerikanisches Luft- und Raumfahrtunternehmen, das im Jahr 2000 gegründet wurde und bemannte Flüge in die Erdumlaufbahn sowie eine Marsmission plant.

Cassini *Siehe Seite 116.*

Dawn-Raumsonde Eine Robotermission der NASA (2007-2018) zum Asteroiden Vesta und zum Zwergplaneten Ceres, zwei der größten Objekte im Asteroidengürtel.

Dyson-Sphäre Die Idee, dass eine hoch entwickelte Zivilisation ihren Heimatstern mit einer riesigen Kugel umschließt, um die Energie, die er abgibt, einzufangen und für sich zu nutzen.

Galileo-Raumsonde Eine Robotermission zum Jupiter unter der Leitung der NASA. Sie wurde 1989 gestartet. Bei der Ankunft im Jahr 1995 wurde eine Sonde abgekoppelt, die als erstes künstliches Objekt in die Atmosphäre des Jupiters eindrang. Am Ende der Mission im Jahr 2003 verglühte die Sonde in der Jupiteratmosphäre.

Internationale Raumstation (ISS) *Siehe Seite 72.*

interstellarer Raum Der Raum zwischen den Sternen (außerhalb des Sonnensystems). Der Rand des Sonnensystems ist nicht genau definiert, aber der Einfluss von Gravitation und Magnetfeld (Sonnenwind) der Sonne erstreckt sich über einen Umkreis, der von der etwa vierfachen Größe der Plutobahn bis zu dem Tausendfachen davon reicht.

Ionenantrieb *Siehe Seite 30.*

kosmische Strahlung Jede Art von elektromagnetischer Strahlung, die aus dem Weltraum kommt (z. B. Licht- oder Radiowellen). Oft bezeichnet man damit auch geladene Partikel, die durch das All rasen. Auf der Erde sind wir vor den schädlichen Auswirkungen dieser Strahlung geschützt, aber Astronauten auf langen Missionen müssen spezielle Vorkehrungen treffen. (*Siehe Seite 100*: Wie wirkt der Weltraum auf den Körper?)

künstliche Schwerkraft Eine Methode, um mithilfe von Beschleunigung oder einer anderen Kraft die Wirkung der Schwerkraft in einer Raumstation zu simulieren, etwa durch Rotation, um eine Zentripetalbeschleunigung zu erzeugen, oder eine konstante lineare Beschleunigung. Beides würde funktionieren, jedoch nicht ohne Probleme. In der Science-Fiction verwenden die Raumschiffe dafür oft spekulative oder rein erfundene Technologien.

Nutzlast *Siehe Seite 13.*

Orion-Projekt Ein Vorhaben aus den 1950er-Jahren, bei dem ein Raumschiff durch eine Reihe von kontrollierten Atombombenexplosionen auf eine hohe Geschwindigkeit beschleunigt werden sollte. Mithilfe dieser Methode hätte man ein Raumfahrzeug in einem Zeitraum von ungefähr 100 Jahren bis zu Alpha Centauri befördern können, aber Nuklearwaffentests wurden in einem internationalen Abkommen verboten.

Schwerpunkt Der Punkt, an dem eine einwirkende Kraft nur zur Verschiebung und nicht zur Drehung des Objekts führt.

SpaceX *Siehe Seite 73.*

spezielle Relativitätstheorie Eine der beiden Relativitätstheorien Einsteins. Sie besagt, dass die Raumzeit ein einheitliches Bezugssystem ist und die Lichtgeschwindigkeit unabhängig von der Bewegung des Beobachters überall gleich bleibt. Daraus kann man die Zeitdilatation und Lorentzkontraktion von Objekten, die sich mit annähernder Lichtgeschwindigkeit bewegen, vorhersagen. Die Theorie ist deswegen „speziell", da sie davon ausgeht, dass es keine Gravitation gibt.

suborbitale Flugbahn *Siehe* suborbitaler Flug, Seite 51.

Virgin Galactic Ein privates Raumfahrtunternehmen, das 2004 vom britischen Geschäftsmann und Abenteurer Richard Branson gegründet wurde.

WELTRAUMKOLONIEN DER ZUKUNFT

30-Sekunden-Orbit

Die Internationale Raumstation (ISS) hat ungefähr die Größe eines Fußballfelds, der Wohnbereich im Inneren bietet den Platz eines Passagierflugzeugs. Hier können mehrere Personen zwischen zwei Versorgungsmissionen monatelang komfortabel leben. Um eine größere Anzahl an Menschen über einen viel längeren Zeitraum zu beherbergen, bräuchte man aber bedeutend mehr Wohnraum. Das bekannteste Konzept dafür ist eine ringförmige Raumstation, die sich schnell genug dreht, sodass die Beschleunigung den Bewohnern wie die Schwerkraft auf der Erde vorkommt, aber nicht so schnell, um Schwindel hervorzurufen. Einer einfachen physikalischen Berechnung zufolge müsste so eine Raumstation einen Durchmesser von mindestens 1800 Metern aufweisen, um die Gravitation der Erde simulieren zu können. Eine andere Idee wäre es, zwei Raumstationen mithilfe eines extrem starken Seils dieser Länge zu verbinden und die beiden Stationen langsam um ihren gemeinsamen Schwerpunkt kreisen zu lassen. Das größte Hindernis, das der Verwirklichung dieser Entwürfe im Weg steht, sind jedoch die Kosten. Schon die ISS hat bisher geschätzte 100 Milliarden Dollar verschlungen, was im Vergleich zu den oben genannten Zukunftskonzepten ein sehr geringer Betrag ist.

3-SEKUNDEN-START

Sehr große Raumstationen sind wohl noch nicht so bald finanzierbar – außer es ergeben sich bahnbrechende technische Fortschritte.

3-MINUTEN-LANDUNG

Science-Fiction-Autoren unterliegen nicht den Grenzen der Technik und erdachten daher schon Raumstationen, die größer als ein Planet sind. Im Jahr 1937 beschrieb Olaf Stapledon kugelförmige Kunstwelten, die um ein Vielfaches größer als ein Stern waren und die Energie benachbarter Himmelskörper speicherten. Im Jahr 1970 schrieb Larry Niven seinen ersten Roman über die Ringwelt, die einen Durchmesser von 300 km hat und um einen sonnenähnlichen Stern kreist. Die bewohnbare Fläche ist so groß wie drei Millionen Erden.

VERWANDTE THEMEN

Siehe auch
VISIONEN DER RAUMFAHRT
Seite 22

RAUMSTATIONEN
Seite 110

SCHNELLER ALS DAS LICHT?
Seite 148

3-SEKUNDEN-BIOGRAFIE

FREEMAN DYSON
1923–2020
Dieser britisch-amerikanische Physiker verfasste im Jahr 1960 einen wissenschaftlichen Artikel über kugelförmige Welten im All, die später nach ihm benannt wurden und heute als „Dyson-Sphären“ bekannt sind.

Das Weltraumhabitat der Zukunft wird ganz anders aussehen als die dürren, mit Solarzellen bedeckten Raumstationen von heute.

WELTRAUM-TOURISMUS

30-Sekunden-Orbit

Fast alle bemannten Raumflüge, zivile und militärische, wurden bis jetzt von staatlichen Weltraumbehörden durchgeführt. Aber so wie die Luftfahrt schon bald nach der Erfindung des Flugzeugs kommerzialisiert wurde, geschah es auch mit der Raumfahrt. Am 28. Oktober 2019 wurde erstmals eine private Raumfahrtgesellschaft an der New Yorker Börse gehandelt. Ihr Geschäftsmodell plante suborbitale Flüge für Weltraumtouristen, zum Preis von 250.000 Dollar pro Person. Zu diesem Zeitpunkt lag ihr erster bemannter Start noch in ferner Zukunft, aber auf der Warteliste standen bereits 600 Interessenten, manche von ihnen schon seit zehn Jahren. Vor diesem kühnen Angebot hatte bereits die russische Weltraumbehörde sechs Privatpersonen im Zeitraum von 2001–2009 gestattet, die Internationale Raumstation zu besuchen (ein Gast machte die Reise sogar zweimal) – zum „Schnäppchenpreis" von angeblich 20 bis 35 Millionen Dollar pro Flug. Einige Privatunternehmen, die Nutzlasttransporte ins All anbieten (und beispielsweise Satelliten in die Umlaufbahn bringen oder die Internationale Raumstation mit Fracht versorgen), haben vor, in naher Zukunft auch Menschen in den Weltraum zu befördern.

3-SEKUNDEN-START

Heute gibt es Unternehmen, die Privatpersonen kurze Flüge ins All ermöglichen, vorausgesetzt, man kann sich das Ticket leisten.

3-MINUTEN-LANDUNG

Die Raumfahrt kann nicht als reines Prestigeprojekt existieren. Die Anzahl der Personen, die für einen kurzen Trip in den Weltraum Millionen Dollar ausgeben, ist gering. Um den Passagierverkehr ins All massentauglich zu vermarkten, gibt es die gewagte Idee, für weite Strecken suborbitale Flüge anzubieten – in einem Gefährt, das einer Interkontinentalrakete ähnelt, aber statt eines Sprengkopfs Passagiere transportiert. So eine Rakete könnte in einer Stunde die halbe Welt umrunden.

VERWANDTE THEMEN

Siehe auch

VISIONEN DER RAUMFAHRT
Seite 22

REISE ZU DEN STERNEN
Seite 146

SCHNELLER ALS DAS LICHT?
Seite 148

3-SEKUNDEN-BIOGRAFIEN

RICHARD BRANSON, JEFF BEZOS UND ELON MUSK
geb. 1950, 1964 und 1971
Milliardäre aus Großbritannien, den USA und Südafrika. Jeder von ihnen besitzt ein eigenes Raumfahrtunternehmen: Virgin Galactic (Branson), Blue Origin (Bezos) und SpaceX (Musk).

Sonnenbaden auf dem Mond? Unwahrscheinlich. Aber wer (sehr) tief in die Tasche greift, kann vielleicht schon bald einen Abstecher in den suborbitalen Raum machen.

DIE BESIEDLUNG DES SONNENSYSTEMS

30-Sekunden-Orbit

Die Weltraum-Enthusiasten von heute stellen sich die Besiedlung des Sonnensystems anders vor, als sich die Menschen des 19. Jahrhunderts die Kolonisierung neuer Gebiete ausmalten. Mittlerweile weiß man, dass in unserem Sonnensystem nur auf der Erde intelligentes Leben, wie wir es kennen, vorkommt. Dennoch zerstörte die NASA die Raumsonden *Galileo* und *Cassini* absichtlich, um nicht zu riskieren, dass vielleicht noch unentdeckte Ökosysteme oder Lebensformen durch einen unkontrollierten Absturz Schaden nahmen. Eine menschliche Kolonie auf dem Mars oder einem anderen Himmelskörper wäre wie eine Bakterienkultur in einer Agar-Petrischale – eine Ansiedlung von Organismen an einem unberührten Ort, an dem man die vorhandenen Ressourcen nutzen muss, um zu wachsen, sich zu vermehren und abgeschnitten von der Ursprungspopulation zu gedeihen. Irgendwann könnten dann große Raumschiffe zum Mars oder anderen fernen Zielen fliegen, ausgestattet mit großen rotierenden Zylindern, die eine künstliche Schwerkraft erzeugen. Die Besatzung müsste jedoch gut vor der kosmischen Strahlung abgeschirmt sein. Eine Hürde bei der Verwirklichung solcher Gefährte wäre die Versorgung mit Energie (Elektrizität und Antrieb). Ein Atomreaktor an Bord des Raumschiffs wäre eine mögliche Lösung.

3-SEKUNDEN-START

Die heutigen Weltraumfans würden lieber im Einklang mit einem außerirdischen Umfeld oder Ökosystem leben, statt fremde Welten zu erobern.

3-MINUTEN-LANDUNG

Terraforming auf dem Mond, dem Mars oder einer anderen potenziellen Destination wäre eine Möglichkeit, diese Orte der Erde ähnlicher zu machen. Ein Projekt, an dem schon lange gearbeitet wird – und dessen Umsetzung auch eine beträchtliche Zeit dauern wird. Der Bau eines ober- oder unterirdischen Weltraumhabitats würde „nur" Jahrzehnte dauern, aber bis wir eine sauerstoffreiche Atmosphäre und ein stabiles Ökosystem auf einem anderen Planeten erschaffen, werden Jahrhunderte oder gar Jahrtausende vergehen. Auch fehlt uns noch die nötige Energie und Technik.

VERWANDTE THEMEN

Siehe auch
VISIONEN DER RAUMFAHRT
Seite 22

REISE ZU DEN STERNEN
Seite 146

SCHNELLER ALS DAS LICHT?
Seite 148

3-SEKUNDEN-BIOGRAFIEN

RAY BRADBURY
1920–2012

ROBERT HEINLEIN
1907–1988

Zwei amerikanische Science-Fiction-Autoren, die unter anderem *Die Mars-Chroniken* (Bradbury) und *Revolte auf Luna* (Heinlein) schrieben. Ihre Geschichten spielen in einer Zukunft, in der die Menschen benachbarte Himmelskörper besiedelt haben.

Wenn Menschen eines Tages andere Planeten besiedeln, werden sie sich dort hoffentlich wie ein höflicher Gast und nicht wie eine invasive Art verhalten.

MTV-P02
Copernicus

NEUE TREIBSTOFFE

30-Sekunden-Orbit

3-SEKUNDEN-START
Die moderne Raketentechnik entwickelt Alternativen zu chemischen Treibstoffen, unter anderem Ionentriebwerke, Nuklearantriebe und Sonnensegel.

3-MINUTEN-LANDUNG
„Nuklear-Rakete" klingt futuristisch, aber schon 1913 hatte der Raketenpionier Robert Esnault-Pelterie die Idee, eine Rakete mit dem neu isolierten Element Radium anzutreiben. „Thermische Atomraketen", die mittels Wärme aus einem Reaktor ein Gas ausstoßen, wurden auf der Erde bereits getestet. Das Orion-Projekt aus dem Jahr 1958 schlug vor, die Schockwellen von Atombomben als Schub für ein Raumschiff zu nutzen. Das wäre technisch und politisch ungünstig gewesen, aber man hätte benachbarte Sterne in einigen Jahrzehnten erreichen können.

Über 100 Raumflüge pro Jahr

werden von Raketen mit chemischen Antrieben gestartet, aber diese Methode hat einige große Nachteile. Selbst Wasserstoff, der leichteste der Raketentreibstoffe, wird tonnenweise in die Luft geblasen, um für interplanetare Missionen die benötigte Energie zu liefern. Darum wird an Alternativen geforscht. Eine Kernreaktion etwa erzeugt die zigtausendfache Energie pro Gramm als jeder chemische Treibstoff. Atomenergie wurde im Weltraum auch schon genutzt, aber bisher gab es noch eine Rakete mit nuklearem Antrieb. Ein Ionenantrieb, wie jener, der die NASA-Raumsonde *Dawn* zum Asteroidengürtel beförderte, arbeitet mit elektrischen Ladungen, um einzelne Gasatome viel schneller zu beschleunigen, als es eine chemische Rakete könnte. Den Newtonschen Gesetzen zufolge wäre dieser Antrieb äußerst energieeffizient – aber auch extrem schwach. *Dawn* brauchte vier Tage, um von 0 auf 100 km/h zu beschleunigen, aber dank der Nutzung von Sonnenenergie können Sonden wie *Dawn* ihre Ionenantriebe monate- oder jahrelang zünden, nicht nur stundenlang, und die benötigte Geschwindigkeit langsam aufbauen. Auch Sonnensegel, die mithilfe von dünnen Spiegelfolien Energie aus dem Sonnenlicht gewinnen, haben sich im All bewährt, unter anderem an der Testsonde *IKAROS*, die zusammen mit der japanischen Raumsonde *Akatsuki* zur Venus flog.

VERWANDTE THEMEN
Siehe auch
DIE RAKETENGLEICHUNG
Seite 24

RAKETENTRIEBWERKE
Seite 38

ASTEROIDEN UND KOMETEN
Seite 124

3-SEKUNDEN-BIOGRAFIE
JAMES CLERK MAXWELL
1831–1879
Ein schottischer Physiker, der den Strahlungsdruck – das Phänomen, das Sonnensegel antreibt – durch Berechnungen ermittelte.

In naher Zukunft werden zahlreiche neue Technologien den chemischen Raketenantrieb ersetzen.

REISE ZU DEN STERNEN

30-Sekunden-Orbit

Wenn wir heute davon ausgehen, dass man nicht schneller als das Licht durchs All fliegen kann – einer der Grundsätze von Albert Einsteins spezieller Relativitätstheorie – und dass wir keine besseren Antriebsmöglichkeiten als die heutigen Raketen und Ionentriebwerke erfinden werden, wird es noch Tausende Jahre dauern, bis ein Raumschiff von der Erde eine fremde Galaxie besucht. Eine beliebte Vorstellung war, Menschen eines Tages für längere Zeit konservieren zu könne, etwa durch Einfrieren, sodass eine Person die Reise wie in einem sehr langen Schlafzustand überdauern könnte. Diese Möglichkeit ist jedoch mindestens genauso schwierig umzusetzen wie das Überholen des Lichts. Wahrscheinlich werden Menschen solche Distanzen nur in Flotten aus sogenannten Generationenraumschiffen zurücklegen können. Diese „Weltraum-Archen" sollen eine große Gemeinschaft versorgen können. Die ursprüngliche Besatzung würde nie am Ziel ankommen, aber ihre Nachkommen. Eine solche Reise bräuchte Unmengen an Energie, und die heutigen Solarzellen wären im interstellaren Raum nutzlos. Um solche Zukunftsvisionen zu verwirklichen, müsste also erst eine neue Technologie oder Energiequelle gefunden werden.

3-SEKUNDEN-START

Unserem Verständnis der Physik zufolge können Reisen im interstellaren Raum nur über mehrere Generationen hinweg durchgeführt werden.

3-MINUTEN-LANDUNG

Von Menschen konstruierte Raumsonden haben den interstellaren Raum bereits erreicht – aber nur gerade so. Die NASA-Sonden *Voyager 1* und *Voyager 2* starteten im Jahr 1977 und durchquerten in den Jahren 2012 und 2018 die äußerste Grenze des Sonnensystems (die Heliopause). Beide Sonden sind mittlerweile über 18 Milliarden Kilometer von der Erde entfernt und brausen immer noch mit über 50.000 km/h durch den Weltraum, aber sie müssten viele Jahrtausende unterwegs sein, um den nächstgelegenen Stern zu erreichen.

VERWANDTE THEMEN

Siehe auch
VISIONEN DER RAUMFAHRT
Seite 22

REISE ZU DEN STERNEN
Seite 146

SCHNELLER ALS DAS LICHT?
Seite 148

3-SEKUNDEN-BIOGRAFIEN

JOHN DESMOND BERNAL
1901–1971
Ein irischer Physiker, der im Jahr 1929 eine kühne Idee vorstellte: Riesige, kugelförmige Raumstationen, auf denen tausende Menschen leben könnten.

ARTHUR C. CLARKE
1917–2008
Ein britischer Erfinder und Autor, dessen Roman *Das Lied der fernen Erde* (1986) davon erzählt, wie die Menschheit auf andere Sterne ausweichen muss.

Vielleicht bringen uns eines Tages riesige Raumschiffe, in denen eine große Bevölkerung permanent leben kann, in eine ferne Galaxie.

SCHNELLER ALS DAS LICHT?

30-Sekunden-Orbit

Nur mit Überlichtgeschwindigkeit könnte man zwischen Planeten oder Galaxien schnell genug reisen, um einen Austausch zwischen ihren Bewohnern zu ermöglichen. Leider ist das unrealistisch und so behelfen sich Science-Fiction-Autoren mit erfundenen Technologien wie „Hyperraumsprüngen" und „Sternenportalen", um zwischen Planetensystemen zu pendeln. Im Jahr 1966 wurde in der Fernsehserie *Raumschiff Enterprise* der Warp-Antrieb eingeführt – ein cleveres Handlungselement, das unsere Fantasie so beflügelte, dass der mexikanische Physiker Miguel Alcubierre Moya im Jahr 1994 ein hypothetisches Modell eines Warp-Antriebs erstellte. Und man fragt sich: Was – oder wen – würden wir finden, wenn wir schneller als das Licht fliegen könnten? Astronomen kennen bereits über 4000 Planeten außerhalb unseres Sonnensystems, also scheint es fast unvermeidlich, dass wir eines Tages auch ein Ökosystem entdecken werden – falls uns hochentwickelte intelligente Lebensformen nicht zuerst finden, vielleicht nicht auf der Erde, aber in den Tiefen des Weltraums. Die Wissenschaft enthüllt allmählich immer mehr Geheimnisse des Universums. Wer weiß, was irgendwann möglich sein wird, was heute noch als Hirngespinst gilt. Falls die Überlichtgeschwindigkeit zur Realität wird, werden Menschen das All besiedeln und ihren ewigen Traum von der Reise zu den Sternen endlich verwirklichen können.

3-SEKUNDEN-START

Schneller zu sein als das Licht – das sich mit 299.792.458 Metern pro Sekunde bewegt – ist das ultimative Ziel der Raumfahrt.

3-MINUTEN-LANDUNG

Alcubierres Modell zufolge könnte ein kleiner Teil der Raumzeit in einer „Warp-Blase" eingeschlossen und diese so verzerrt werden, dass sie das Licht überholt, ohne die Gesetze der speziellen Relativitätstheorie zu brechen. In der Chronologie der Science-Fiction-Serie *Star Trek* erreichen die Menschen erst „Warpfaktor 1" und stellen am 5. April 2063 den ersten Kontakt zu Außerirdischen her. Da hat unsere Wissenschaft also noch einiges nachzuholen.

VERWANDTE THEMEN

Siehe auch
VISIONEN DER RAUMFAHRT
Seite 22

DIE BESIEDLUNG DES SONNENSYSTEMS
Seite 142

REISE ZU DEN STERNEN
Seite 146

3-SEKUNDEN-BIOGRAFIEN

GENE RODDENBERRY UND MAJEL BARRETT RODDENBERRY
1921–1991 und 1932–2008
Das Ehepaar hinter der erfolgreichen TV-Serie *Star Trek*, dem bis dato bekanntesten Science-Fiction-Universum. Gene war ihr Schöpfer und Majel eine häufige Darstellerin.

Um in die Weiten des Weltraums vorzudringen, müssten wir die bekannten Gesetze der Physik überwinden.

2. Januar 1920
Isaac Asimov wird in Petrowitschi, Sowjetrussland, geboren.

6. August 1926
Janet Opal Jeppson wird in Ashland, im US-Bundesstaat Pennsylvania geboren.

1939
Isaac schließt sein Bachelorstudium an der Columbia University ab.

1940
Isaac veröffentlicht seine erste Roboter-Kurzgeschichte„Robbie".

1942
Isaac veröffentlicht die erste Kurzgeschichte der *Foundation*-Reihe.

1948
Janet schließt ihr Bachelorstudium an der Stanford University ab.

1949
Isaac promoviert in Chemie an der Columbia.

1952
Janet promoviert in Medizin an der Medical School der New York University.

1966
Foundation gewinnt einen speziellen Hugo-Award als „beste Science-Fiction-Reihe aller Zeiten".

1974
Janet veröffentlicht *The Second Experiment*.

6. April 1992
Isaac stirbt an den Folgen von AIDS. Er hatte sich bei einer Bluttransfusion mit HIV infiziert.

1993
Isaacs letzter Roman, *Das Foundation-Projekt*, wird nach seinem Tod veröffentlicht.

2006
Janet veröffentlicht die Memoiren *Notes for a Memoir: On Isaac Asimov, Life, and Writing*.

25. Februar 2019
Janet stirbt im Alter von 92 Jahren.

ISAAC UND JANET ASIMOV

Wissenschaft und Kreativität gehen Hand in Hand, auch wenn das nicht immer offensichtlich ist. Man kann keine Zukunft erschaffen, die man sich nicht schon in der Fantasie ausgemalt hat. Besonders wichtig ist diese Synergie aus Forschung und Vorstellungskraft in der Raumfahrt. Isaac Asimov war Biochemiker und Professor an der medizinischen Fakultät Boston und der vielleicht produktivste Wissenschafts- und Science-Fiction-Autor der Geschichte. Im Jahr 1959 begegnete er auf einem Autorentreffen Dr. Janet Jeppson, eine Psychiaterin und Psychoanalytikerin. Die beiden heirateten 1973 und ihre private und berufliche Verbindung währte bis Isaacs Tod im Jahr 1992.

Das Schreiben verband die Asimovs, die aus völlig unterschiedlichen Milieus stammten. Isaacs Familie wanderte 1923 aus einem jüdisch geprägten Dorf in Sowjetrussland in die USA aus. Isaac war damals drei Jahre alt. Seine Eltern ließen sich in Brooklyn nieder, wo sie einen Süßwarenladen betrieben. Janet wurde in Pennsylvania geboren und wuchs in New Rochelle im US-Bundesstaat New York auf. Ihr Vater war Arzt. Als Erwachsene waren die Asimovs vom Schreiben besessen, während und nach ihrer wissenschaftlichen und medizinischen Laufbahn. Janet veröffentlichte Dutzende Bücher und Geschichten – und Isaak mindestens 300 Bücher und rund 1000 kürzere Texte.

Beide schrieben Sachliteratur und Fiktion. Ihr Blick auf die Zukunft war von ihrer wissenschaftlichen Perspektive beeinflusst und sah eine Zeit, in der die Raumfahrt das Normalste auf der Welt war. Beide verfassten auch Kinderbücher – Isaac die „Lucky-Starr"-Reihe und Janet die Romane über den Roboter „Norby". Damit wollten sie junge Menschen für die Zukunft der Raumfahrt und Forschung begeistern. Ein Hauptthema in ihren Werken war die Definition des Menschseins. Vor allem Isaac, den das *Oxford English Dictionary* als Erfinder der Wörter „Psychohistorie" und „Robotik" nennt, stellte wegweisende Fragen zur mathematischen Berechenbarkeit des menschlichen Verhaltens sowie zum Wert – und den Werten – eines künstlichen Lebens. Die Leser sollten überlegen, was wohl passieren würde, wenn sich die Menschheit über das Sonnensystem und die Milchstraße ausbreitete. Welche Technologien könnten solche Reisen ins All ermöglichen? Wie würden sie sich auf die Gesellschaft und den Menschen an sich auswirken? Die Antworten darauf liegen den Asimovs zufolge in den Sternen.

ANHANG

WEITERFÜHRENDE INFORMATIONEN

BÜCHER

A Man on the Moon: The Voyages of the Apollo Astronauts
Andrew Chaikin
(Penguin, 2007 (Neuausgabe))

Blauer Punkt im All. Unsere Heimat Universum
Carl Sagan
(Bechtermünz, 1999)

Breaking The Chains of Gravity: The Story of Spaceflight Before NASA
Amy Shira Teitel
(Bloomsbury Sigma, 2015)

Galaxy Girls: 50 Amazing Stories of Women in Space
Libby Jackson
(Harper Design, 2018 (Illustrierte Ausgabe))

The Handy Astronomy Answer Book
Charles Liu
(Visible Ink Press, 2013 (dritte Auflage))

Die Helden der Nation
Tom Wolfe
(Hoffmann und Campe, 1983)

Hidden Figures – Unerkannte Heldinnen
Margot Lee Shetterly
(Harper Collins, 2017)

International Space Station: Benefits For Humanity (dritte Auflage)
Julie Robinson und Kirt Costello, Hrsg.
(ISS Program Science Forum, 2019)

Skylife: Space Habitats in Story and Science
Gregory Benford und George Zebrowski, Hrsg.
(Harcourt, 2000)

Star (Psi Cassiopeia)
C. I. Fontenay
(franz. Originalausgabe 1854, Ledoyen, Paris)

Start in den Weltraum: Ein Buch über Raketen, Satelliten und Raumfahrzeuge
Wernher von Braun, mit Willy Ley
(Fischer, 1958 (Reprint 2018))

WEBSITES

American Astronomical Society (AAS)
aas.org
Die größte Organisation wissenschaftlicher Astronomen in Nordamerika, gegründet 1899. Ihr Hauptsitz ist in Washington, D. C.

American Astronautical Society
astronautical.org
Eine US-Organisation mit dem Ziel, die Weltraumforschung zu fördern.

Nationale Raumfahrtbehörde Chinas
cnsa.gov.cn
Weltraumbehörde der Volksrepublik China.

Europäische Weltraumbehörde (ESA)
esa.int/Space_in_Member_States/Germany
Das deutschsprachige Portal der Europäischen Weltraumbehörde.

Explore: Humans In Space
nasa.gov/topics/humans-in-space
Die NASA informiert auf ihrer Website über die Wissenschaft, die Technologien und aktuelle Missionen der bemannten Raumfahrt.

International Space University
isunet.org
Eine private Universität bei Straßburg. Sie widmet sich der Erforschung des Weltraums und der praktischen Anwendung der Erkenntnisse zu friedlichen Zwecken.

Japan Aerospace Exploration Agency
global.jaxa.jp
Die japanische Raumfahrtbehörde. Sie entstand im Jahr 2003 aus dem Zusammenschluss von drei älteren, vormals unabhängigen staatlichen Organisationen.

Jonathan's Space Home Page
planet4589.org/space/
Zusammengestellt von Dr. Jonathan McDowell vom Harvard-Smithsonian-Zentrum für Astrophysik. Hier gibt es den aktuellsten Raumfahrt-Newsletter der Welt.

NASA-Podcasts
nasa.gov/podcasts
Der Kanal für alle Podcasts der NASA, unter anderem „Gravity Assist", „NASA's Curious Universe" und „Houston We Have A Podcast".

ROSCOSMOS
roscosmos.ru
Die Weltraumorganisation der Russischen Föderation und Nachfolgerin des sowjetischen Raumfahrtprogramms.

ÜBER DIE AUTOREN

Karen Masters ist eine Assistenzprofessorin der Astronomie und Physik am Haverford College im US-Bundesstaat Pennsylvania. Bereits in der Vergangenheit schrieb sie zusammen mit Charles Liu und Sevil Salur das Buch *Das Universum in 30 Sekunden* sowie ein Kapitel über die britische Astro-Mathematikerin Mary Somerville für den Sammelband „More Passion for Science", der Geschichten über Frauen in MINT-Berufen beinhaltet. Karen wuchs in den britischen Midlands auf, besuchte eine staatliche Schule und studierte Physik in Oxford (Wadham College). Ihr Doktorstudium der Astronomie absolvierte sie auf der Cornell University in den USA. Anschließend forschte sie im Harvard College Observatory, bevor sie wieder nach Großbritannien ging und dort zehn Jahre lang an der Portsmouth University arbeitete (erst in der Forschung, dann als Dozentin). In ihrer Arbeit untersucht sie die Entstehung und Entwicklung der Galaxien unseres Universums. Sie ist die leitende Wissenschaftlerin des erfolgreichen Citizen-Science-Projekts „Galaxy Zoo" (www.galaxyzoo.org). Außerdem ist sie die Ansprechpartnerin für das Projekt „Sloan Digital Sky Survey" (www.sdss.org). Sein Ziel ist die Kartierung des expandierenden Universums. Karen ist mit einem Kollegen verheiratet, mit dem sie zwei Kinder hat. Auf Twitter schreibt sie als @KarenLMasters.

Charles Liu (@chuckliu) ist ein Physik- und Astronomieprofessor der City University am College of Staten Island in New York und ein Mitarbeiter des Bereichs Astrophysik im American Museum of Natural History und Hayden Planetarium in New York. Seine Forschung beschäftigt sich mit der Kollision von Galaxien, supermassereichen Schwarzen Löchern und der Geschichte der Sternbildung im Universum. Er ist der Autor der Bücher *The Handy Astronomy Answer Book* (2013) und *The Handy Physics Answer Book* (2020). Für *One Universe: At Home In the Cosmos* (2000) wurde er 2001 zusammen mit den Co-Autoren Robert Irion und Neil deGrasse Tyson mit dem *Science Writing Award* des American Institute of Physics ausgezeichnet. Charles ist Mitglied der American Astronomical Society – der Gesellschaft der Berufsastronomen – und aktuell auch der Vorsitzende der Astronomical Society of New York. Er studierte in Harvard und an der University of Arizona und war Postdoc an der Columbia und im Kitt Peak National Observatory. Charles und seine Frau Dr. Amy Rabb-Liu haben drei Kinder.

Allen Liu ist ein Wissenschaftsautor und Vortragender mit Sitz in New Jersey. Er studierte Mathematik in Harvard und erforschte vierdimensionale Polytope. Schon seit der Kindheit interessiert er sich für das Weltall und die Raumfahrt. Im Alter von 14 Jahren gründete er einen Astronomie-Club. Er betrieb das Loomis-Michael-Observatorium in Harvard und verbrachte fast tausend Stunden mit den Details der Raumflugmechanik in der Weltraumsimulation *Kerbal Space Program*. Neben seinen wissenschaftlichen Interessen singt Charles auch gern, schreibt Geschichten und besitzt eine Amateurfunklizenz. Auf seinem YouTube-Kanal „Signore Galilei" hat er auch einige informative Videos hochgeladen.

REGISTER

N

O

P

R

S

T

U

V

W

X

Y

Z

DANK UND BILDNACHWEIS

Die Herausgeber bedanken sich bei folgenden Personen und Organisationen für die Erlaubnis, urheberrechtlich geschütztes Material verwenden zu dürfen.

o – oben, u – unten, m – Mitte, r – rechts, l – links, h – Hintergrund, v – Vordergrund

Public Domain: 15 m, 15 or, 19 oben rechts bis unten, 21 umv, 21 omv, 25 oh, 89 ouh; Wikimedia Commons: 15 r, /Pk0001: 21 mh, /Valentyna Chukhlyebova: 17 mr; / Alain r: 21 uh, /Anizotropia: 53 urh, 52 ulh, / Krassotkin:53 urh, /Lokilech: 53 m, 55 ml, /Russian Federation: 55 hmr, / RIA Novosti: 55 ml, 55 ur, /Post of USSR: 55 mh , /Ad Meskens: 65 m, / Leafnode / Hubert Bartkowiak: 37 ol, / Philip D. Hall 37 or,/Waterced: 85 oh, / Jfmelero: 89 oh; CSU Archives/Everett Collection/Alamy Stock Photo: 26, 150 l; NASA.gov: 19 uh, 19 ol, 19 urh, 19 urh, 19 v; 37 ur, 39 mu, 41 orv, 41 m, 41 ur, 57 ulh, 57 ulv, 57 urh; 57 l; 59 mh, 59 lh; 61 m; 61 or und ul oben rechts, 61 ol, 63 olv, 63 ml, 63 om, 63 mr, 65, 65 Overlay, 67 mv, 67 o, 67 mh, 68, 75 ur, 75 ul, 75 m, 75 ol, 77 ml, 77 or, 81 ulv, 81 urh, 81, 83 or, 83 ur, 83 ul, 85 mu, 85 mr, 87 mu, 87 ov, 87 uv, 89, 89 ol, 89 mr, 89 ml, 91 ol, 101 o, 101 u, 103 ulh, 109 ul, 109 l, 109 ol, 109 ur, 109 or, 111 v, 111 or, 119 m, 131 lh, ulv, 147 v, /CRGIS: 46, /Kenny Allen: 39 mr, /Kim Shiflett: 41 ul, /Regina Mitchell-Ryall und Tom Farrar: 43 uh, /Jack Pfaller: 77 ur, / Russian Space Research Institute / Nikolai Budarin: 85 om, /Alamy Stock Photo: 92, 132, /SDO: 101 mh, /Bill Ingalls: 103 uv, /Luca Parmitano: 103 ur, /Goddard:121 urh, 103c, /MSFCL: 121 orv/ Davis Paul Meltzer: 105 ov, / MSFC: 107 m, /Akatsuki: 145 lv, /Ames Research Center: 139 ov, /KSC: 67 uv, /Glenn Research Center (NASA-GRC): 57 ol,; NASA/JPL: 119 l, 121 oh, 121 moh, 121 urh, 127 u rh, 131 ur; NASA/Ames/JPL-Caltech: 103 olh; NASA/ JPL-Caltech: 57 urh, 59 mv/R. Hurt (SSC): 15 ur, 75 or, 83 m, 91 h, 123 rv, 123 lv, 123 olv, 123 olh, 123 mh, 125 h, 127 uv, 145 uh; NASA/JPL-Caltech/ Space Science Institute: 129 v; NASA/JPL-Caltech/MSSS: 123 orh; NASA/ JPL-Caltech/UCLA/MPS/DLR/IDA: 125 mh; NASA/JPL-Caltech/Cornell/ ASU: 83 m, 123 h; NASA/JPL-Caltech/SwRI/MSSS/Kevin M. Gill: 127 mh, 127 urh; NASA/JPL-Caltech/R. Hurt: 83 Hintergrund, 141 or; NASA/JPL/ NGA: 77 mh; NASA/JPL-Caltech/Univ. of Arizona: 123 mo; NASA/JPL-Caltech/USGS: 12, 143 mh; NASA/JPL/USGS: 87 uh; NASA/GSFC/Arizona State University: 61 o; NASA, ESA und das Hubble Heritage Team: 19 mh, 83 ol, 149 uh, 103 mlh; NASA/JHU/APL: 121 um; NASA/Viking Project/ USGS: 123 uh; NASA/JSC: 103 olv, 105 mv, 105 oh, 107 omh, or mh, 111 l, 141 ol; NASA, ESA, H. Weaver und E. Smith (STScI) und J. Trauger und R. Evans (NASA Jet Propulsion Laboratory): 125 lh; NASA/Johns Hopkins University Applied Physics Laboratory/Southwest Research Institute/ Alex Parker: 131 mh; NASA/Voyager 2/Calvin J. Hamilton: 131 or; NASA/ ESA/CXC/SSC/STScI: 149 ov ESO/NASA/JPL-Caltech/S. Kraus: 21 oh; 57 h; US Air Force: 85 u; US National Archives: 67 mh; ESA/Rosetta/ NAVCAM: 125 o; Space Center Houston: 57 u; Clemens Vasters: 57 ml, 57 or; ESA/Hubble Images: 37 uh; AllenMcC: 149 orv; Shutterstock/ De AleksandrMorrisovich: 17 m/Dotted Yeti: 17 ol, 53 mh, 55 mh, 119 ol / Picsfive 17 o /KRAHOVNET: 17 mv, 61 oh; /joker1991: 17 ur /Warpaint 17 ml, /Wichai Prasomsri1: 19 ul/ Vladi333: 21 mv / 3Dsculptor 21 mv / ace03: 21 ml und r /Stamcose: 25 u ixpert; uh / Vadim sadovski: 25 ulh / Nicku: 35 o / Quality Stock Arts: 39 oh, 83 oh, /fet: 41 h, /StudioMolekuul: 43 u, /3Dsculptor 43 ov, /EgudinKa 43 u, / NeonLight: 43 um /Michal zduniak: 43 ul / serg_65: 53 m/ StockVectorsIllustrations: 39 om, 53 or und ul hh, 57 h, 63 Overlay, 105 uh, 111 uh / Mechanik: 55 orv/ Olha Bocharova: 55 m/ Tribalium: mh / da_82: 55 h / m.jrn: 55 uh/ Michal zduniak: ur/ renD 63 uh/ superelaks 65 Overlay/ Jiri flogel 65 mr/ Jeffrey Ing, 67 mh, /zima-leto: ol, / Nerthuz: 81 ol, / Suthar Naveen P: 85 o und uh, / Shanvood: 85 uv, / Iren D: 85 uh, 105 oh, / Funny Drew 89 oh,/ NASA: 89 um, /desertfox99: 91 ml, /AlexLMX: 91 m, / Iaremenko Sergii: 91 u, / Choksawatdikorn: 99 ol, / Hans Gert Broeder: 99 ml, / Gerald Robert Fischer 99 u, / Kletr: 99 v, / Lebendkulturen.de: 99 urh, 99 ulh,/ agsandrew: 99 urh, / argus: 99 mh, / Aphelleon: 101 mh, / malruso: 101 h, / adike: 101 mv, / Milojie: 101 v, /3Dsculptor: 103 l, / troika: uh, / Nerthuz: 109 mv, / Zita: 109 mh, / Vadim Sadovski: 109 oh, /NASA:119 r, / Vadim Sadovski: 119 ol, / Pike–28: 119 o, / Sabino Parente: 119 mo, / Andamati: 131 ol, / Zita: 131 v, / Milan M: 139 h, / Daxiao Productions: 141 v, / 143 or, / Aphelleon: 143 urh, /145 oh, Lienhard: 143 urh, / Quality Stock Arts: 145 h, / Naumov S: 147 or, / Zima-leto: 149 urh, / Ana Aguirre Perez: 149 m, / vsl: 149 oh; ESA/OHB: 143 mv; Andrew Z. Colvin: 147 h; Library of Congress Prints and Photographs Division Washington, D.C: 59 rv und h, 63 urh, 85 h; Lunar and Planetary Institute: 63 ul; The Estate of Janet Jepson Asimov: 150 r; Getty/ Sovfoto: 25 uv; MIT Musuem: 81 ml; Wellcome Collection, Galileo Galilei (Kupferstich von F. Petroncini, 1847, nach ihm selbst, nach J. Sustermans) 19 ur; Bill Taub/NASA/The LIFE Picture Collection via Getty Images: 112

Wir haben uns größte Mühe gegeben, alle Urheberrechtsinhaber ausfindig zu machen und ihre Genehmigung für die Verwendung ihres urheberrechtlich geschützten Materials einzuholen. Die Herausgeber entschuldigen sich für etwaige Fehler oder Auslassungen in der obigen Liste und werden in zukünftigen Auflagen gegebenenfalls Korrekturen vornehmen, sofern sie davon Kenntnis erhalten.